蒙古族家具研究

李军 李京波 / 著

中国林业出版社

书中图片来源

乌海蒙古族家居博物馆藏品

庞大伟先生收藏

刘玉功先生收藏

内蒙古博物院

内蒙古马文化博物馆

阿木尔巴图《蒙古族工艺美术》

金光《传统蒙古包装饰研究》

调研图片拍摄及整理

李 军 田昊东 孙明霞

图片摹本绘制

柴建华 田昊东 李 军

前　言

内蒙古自治区地处中国北部，蒙古族是这里的主体民族，由蒙古族建立的元朝，实现了中国在历史上最大范围的统一，其遗存的带有浓郁民族文化特色的家具对中国传统文化研究有着至关重要的作用。

蒙古族传统家具的起源大体与中原地区家具同步，蒙古族古典式家具是在数千年中国北方游牧民族（匈奴、突厥、回鹘、鲜卑、契丹、女真等）传统家具基础上，在中原文化、藏传佛教文化和伊斯兰文化的共同影响下逐渐发展起来的，具有浓郁的民族风格和特色。蒙古族家具以其特有的造型和精湛的工艺、别具匠心的艺术风格，赢得了世人的赞誉，是中华艺术宝库中的一束妍丽奇葩。

以往蒙古族家具的研究多集中于图案、色彩，特别是彩绘，这几方面的论文已大量发表，但对蒙古族家具的结构、连接方式、材质、髹饰等方面的研究鲜有涉及。本书在乌海蒙古族家居博物馆馆藏家具的调研基础上，以详尽的实物样本、实测数据和结构详图为依据，准确深入地展开蒙古族家具研究，并从蒙古族传统生产、生活方式和传统文化方向剖析解读蒙古族家具。

本书以中国传统家具研究方法为依据，解读了蒙古族家具实物样本，研究领域涉及家具的种类、形式、材质、结构特征、连接方式、髹饰工艺、金属装饰、文化价值。书中以大量的实物样本为例证，用翔实的图纸和准确的尺寸，理性地分析结构特征、剖析连接方式，还精心绘制了部分蒙古族家具的CAD图。

在附录部分首先对几个在家具研究中经常出现且容易混淆的词汇进行了辨析，并加以例证说明。另外还引入了笔者的一篇文章，对蒙古族家具的命名进行了初步探讨。除此之外，由于实物样本多采自乌海蒙古族家居博物馆，书中特别介绍了该馆的馆藏及陈列。

本书对蒙古族家具做了较全面的研究，是民族家具研究范畴的一次拓展，是蒙古族家具研究工作的重大进步，开创了少数民族家具研究的新方向。希望使读者更好地了解蒙古族家具，也希望可以给研究民族家具文化的学者，蒙古族风格家具设计师和收藏家提供参考。

在我攻读硕士研究生期间，郑宏奎教授的悉心培养和学术指导使我受益匪浅，使我深化了对蒙古族家具研究方向的理解，在此表示深深的谢意。在本书的撰写过程中，宁国强教授对书籍结构和写作思路给予了指导；在蒙古族家具图稿及样本选用上，得到了庞大伟副教授的指导；内蒙古大学赵一东教授对书籍的章节分布提出了宝贵建议；中国工艺美术大师潘德月先生、内蒙古师范大学阿木尔巴图教授等都给予了指导帮助。柴建华、田昊东、孙明霞为本书的编写做了大量工作，柴建华绘制了家具饰件和部分蒙古族家具的线稿，田昊东为家具样本进行了详细测量和结构绘制，孙明霞绘制了家具CAD图，在此一并表示感谢。

文中图片主要源自乌海蒙古族家居博物馆藏品，每幅图书中都做了相应标注。对乌海蒙古族家居博物馆和李京波先生给予的支持深表感谢。文中个别图稿未找到原出处，无法做出标注，敬请原作者理解，并在此表示感谢，如原作者看到，请与我联系。本专著受内蒙古农业大学哲学社会科学基金项目支持，课题名称："喀尔喀部落蒙古族传统家具图案的数字化修复"，课题号：207−206043。

本书完成之际，特别感谢王喜明教授对蒙古族家具研究工作的指导和帮助。感谢中国林业出版社的李宙编辑和李丝丝编辑为本书所做的工作。

限于笔者水平，书中纰漏之处请读者不吝指正。

李军

2014年8月于呼和浩特

目　录

第七章　蒙古族家具形成解读　130

参考文献　137

附　录　139

第一章
蒙古族家具文化概述

第一节 中国北方游牧文明与蒙古族历史渊源

一 中国北方游牧文明渊源

从新石器时代开始，在中国北方草原的孕育下，萌发了中国北方游牧文明。经历了夏商时期，游牧文明逐渐发展壮大。漫长的历史发展中，形成了东胡、匈奴、突厥三大系统，这三大系统的主要民族有东胡、匈奴、鲜卑、突厥、契丹、蒙古等。自游牧民族登上历史舞台，便一直在这个舞台上延续承接，自春秋战国至元明清时期，游牧民族次第承接，相继成为中国古代北方草原的统治民族，对中国历史甚至世界历史都产生了重大影响。

游牧文明下的草原民族的生存发展以游牧生产为主要的经济基础。

有考古发现证明：东胡已有成熟的游牧生产；匈奴游牧业极为发达；鲜卑人"广漠之野，畜牧迁徙"；突厥族羊马"遍满山谷""随水草迁徙"；契丹人"自太祖至兴宗，垂二百年，群牧之盛如一日"；蒙古人的牧业则更为繁盛，仅中央牧业管理机构太仆寺治下的马匹多到"殆不可以数计"。

中国古代北方草原游牧文明在数千年发展中，一直延续和发展着自身的特殊风貌，表现于物质和精神两方面。元代时，蒙古族统一草原各部，建立了统一的中央集权制封建国家，在注重儒家思想治国的前提下，也促进游牧文明的进一步发展。许多当时传世文物及考古发现都反映了游牧状态下的物质和精神文明，都是游牧文明曾经高度发达的印证。

北方草原游牧文明同中原农耕文明一样，同样有着悠久的文明史。中原汉族以农耕文明为基础，从夏商到明清，建立了一代又一代的中央王朝，王朝的更迭是以皇家姓氏的更替为标志。游牧民族则以游牧文明为基础，自夏商到明清，时而归属中央王朝，时而建立地方政权，时而统一北方或统一全国，也在一代代地更迭承续，它的更迭以统治草原主体民族更迭为标志。

中国古代北方草原游牧文明在数千年发展中，一直延续和发展了自身的特殊风貌。游牧文明作为中华文明史的重要组成部分，对中华文明的兴繁演进起到了极大的推动作用，与农耕文明共同构成了中国文明史。游牧文明根基的游牧经济生产持续不断，适应这种自然经济的物质文化和精神文化承传不断，并和中华民族整体文明紧密相连，形成了中国古代北方草原游牧文明数千年经久不衰的历史持续力，这在世界游牧文明史上也是罕见的。

二 蒙古族历史渊源

蒙古族具有历史的悠久，由公元7世纪额尔古纳河东岸的古老部落发展壮大起来。据司马迁《史记》记载："在匈奴东，故曰东胡"，在学术界，多数观点认为蒙古族源于东胡。关于"蒙古"一词，最早记载于《旧唐书》，"唐兀室书"为"蒙古"一词最早的汉音译名。

公元840年，回鹘汗国崩溃后，东胡各部迁向布尔罕山，与当地民族融合、繁衍，发展壮大出很多部落。辽金时代时，蒙古各部多以"鞑靼"或"阻卜"泛称。公元12世纪，铁木真统一蒙古，被推为蒙古大汗，号成吉思汗。至此，中国北方各部统一，蒙古族形成，并在日后的岁月中不断繁荣发展。

蒙古族在成吉思汗的领导下不断西征，其领土东起阿姆河和印度河，西面囊括小亚细亚大部分地区，南抵波斯湾，北至高加索山。成吉思汗的西征，打通了亚欧交通线，促进了东西方经济文化的交流。

公元1260年，忽必烈成为蒙古大汗，改国号为元，后灭南宋统一了中国。朱元璋推翻元朝建立明朝，致使蒙古统治退回到蒙古高原。清朝后，蒙古族主要居于蒙古高原（地域包括漠南和漠北），与清廷保持着和谐统一。1917年十月革命后，喀尔喀蒙古宣布独立，蒙古人民共和国宣布独立。内蒙古地区的蒙古族则与中华各民族团结在一起，共同繁荣发展着中华文明，进入历史发展的新时期。

位于中国北部边疆的内蒙古自治区，东西狭长，幅员广阔。如果从更广阔的地理范围看历史，内蒙古草原属欧亚北方大草原东段南部，既是草原牧业历史文化区的重要组成部分，又与华北大平原和秦晋山间平原农业历史文化区紧密联系，史称漠南，毗邻漠北，是整个大漠草原历史文化演进的重要地区。

第二节　中国家具历史概述

中国是世界上历史悠久、文化发展最早的国家之一，从石器时代到现代化的今天，可以清楚地看到我国民族劳动、实践、创造的足迹。家具艺术是我国民族文化宝库中一颗光彩夺目的明珠和文化遗产的重要组成部分，也是我国劳动人民在长期的生活和艺术实践中的智慧结晶。人类远在使用石器工具的年代里，就会使用自然石块堆成原始家具的雏形"π"，在商周两代的铜器里的"俎"具有家具的基本形象，有理由推测在铜制俎出现的同时或更前一些时，已经有木制的俎了。铜器中的"禁"是用来摆放礼器的，其形象也似乎反映了箱形家具的原始式样，以后随着木结构在建筑营建中的不断发展，框架式的家具也出现了，上述两种不同的家具结构形式，在古代工匠的不断实践中获得了发展，形成了我国独特的家具体系。

家具的发展历史可以追溯到原始社会，从西安半坡遗址发现约六七千年前，半坡人在地穴居室就开始使用土炕了，在当时屋子中间地面上挖一灶坑，人们围坐于灶炕边进行饮食，饮食器物都放在地面上，那时的炕很矮，仅有10cm高，是挖地下室时留出的上台，考古学家认为这是床的雏形，也是中国家具的源头。

据文献记载，公元前2100年前的夏朝修建了城廓沟地，建立了军队，制定了刑法，修造了监狱，以保护奴隶主和贵族的利益，同时又建筑了宫室台榭，奢侈享乐，可想当时定会有相当种类的家具出现，供奴隶主和贵族享用。从公元前1700多年前的甲骨文和有关青铜器上可以看出，商代人的起居习惯和使用家具的情况仍然是保持着原始人席地而坐的生活方式，只不过地上铺了席子，席地而坐这个词就出自这一时期，室内家具则有床、案、俎和放置酒器的禁，由于我们的祖先席地而坐的习惯，影响到我国古代家具发展的进程，尤其是坐具的发展就更晚。

公元前770年的春秋时期，人们的起居习惯仍然是席地而坐，但席下垫筵（竹席）。这时的家具种类就不只是商时的几种了，出现了凭几、凭和衣架。另据记载，"几"是计算室内面积的基本单位，可见这时的室内用品已出现多功能的意向。极具神话色彩的中国木工的祖师"鲁班"就是这时出现的，鲁班在汇集了以往的木工技术的基础上，对木工技术又作出了新的发明创造，被后代木工奉为祖师，后世的《鲁班经》就是一部记载木建筑与家具制作的重要著作。

公元前475年中国进入战国时代，封建制度逐步确立，这时期的木漆工艺得到长足发展，红色和黑色的大漆被广泛用于家具表面涂饰，使得一些家具完好地保存下来。当时为了适应人席地而坐的要求，家具设计的都非常矮。

东汉末年168~188年，可折叠的胡床已传入中原，流行于宫廷和贵族间，用于战争和行猎。战国到汉代的家具在中国家具史上可算作过渡阶段，这时期的家具造型粗犷墩厚、突出实用性能、结构简单明确、质朴且庄重，家具装饰以漆为主，颜色一般多采用褐色、黑色作底色，以深红色作衬色，朱色与黄色作画，偶尔能见到赭黑色作底色或灰黑色作画的，色彩搭配非常鲜明协调，颇具富丽堂皇的感觉。家具的榫卯在这一时期有较大的发展，从出土的木床、几案实物和同期出土的木质棺椁结构上，可以知道此时已有格肩榫、燕尾榫、透榫、勾挂榫等多种榫卯结构。

1700多年前的两晋南北朝，是中国历史上民族大融合的时期，由于多民族大融合的结果，使家具相互影响，发生了很多变化，因此，在中国古代史上把这一时期称为转折期。

这时期一方面席地而坐的习惯仍未改变，但在前期的基础上，传统的家具有了不少新的发展。从顾恺之的《女史箴图卷》中可以看到床的高度已增高，而且床的上部还加了床顶。这时期的屏风由两折四叠可移动式发展为多折叠式。另一方面西北民族进入中原地区以后，不仅东汉末年传入的胡床逐渐普及到民间，还输入各种形式的高坐具。从敦煌壁画中可以看到当时带靠背有扶手的椅子、方凳、束腰形圆凳和胡床等家具，由于这些家具的出观对当时人们的起居习惯与室内空间处理发生了很大的影响，所以促使人们逐步改变席地而坐的起居方式。

公元581～960年是隋唐五代时期，这一时期是中国封建社会前期的高峰，也是中国古代家具兴旺发达，开始走向成熟的时期，这个时期的家具在继承两晋南北朝成就的基础上，更进一步吸收、融合外来家具的影响，形成了一个独特的艺术风格。当时垂足而坐的习惯逐渐从上层阶级开始遍及全国，从而促使家具尤其是坐具迅速发展起来。从敦煌壁画中、五代画家顾宏中的《韩熙载夜宴图》中和其他这时期的画卷中，可以看到当时家具类型的繁多和尺度的增高。

从东汉末年开始，经过两晋南北朝到两宋时期历时千余年，终于完全改变了前人席地而坐的生活习惯及与其相适应的有关家具，这时期桌、椅等日用家具在民间十分普遍，同时还衍化出很多新品种，

两宋时期随着起居方式的改变，家具的尺度、建筑室内的高度明显增大，家具在室内的布置也趋于一定格局，大体为对称式和不对称式两种，一般厅堂采用对称式，在屏风前面正中放置椅子、两侧又各有四椅相对，或只有在屏风前放置圆凳，供宾主对坐。至于书房与卧室的家具布置采用不对称式，没有固定的形式。

元代家具在宋代家具的基础上又有所发展，如出现了罗锅枨、霸王枨、高束腰等新做法，也出现了缩面桌这一新品种。元代家具抛弃以往一贯采用漆饰加工的制作方法，突出了木材纯朴的材质，又体现了人们追求自然的心理，给以后明清家具留下了广阔的发展空间。元顺帝曾被誉为"鲁班天子"，可见

其对木工技艺的喜爱。

明、清两代是中国封建社会由恢复、发展、停滞到崩溃的时期。明代中叶的中国封建社会曾有向资本主义社会萌动的倾向，几经曲折，到清代中叶中国社会又出现了资本主义的萌芽，由于两次资本主义因素的出现，使得中国的手工业和商业得到了很大的发展。随之，苏州、广州、扬州、宁波等地成为家具制作的中心，这段时期的家具种类和式样，除满足生活起居的需要外，还与建筑有了更紧密的联系，一般厅堂、卧室、书斋等都相应地配置了几种常用的家具，出现了成套家具的概念，至于统治阶级的宫廷和府第，已把家具作为室内设计的重要组成部分，常常在建房时就根据建筑室内的使用要求考虑家具的种类、式样、尺度，进行成套配制。

明清时期海上交通十分发达，因此东南亚一带的木材源源不断输入中国，这些产于热带的木材具有质地坚硬、强度高、色泽和纹理优美的特点，因而在制作家具时，可采用较小的构件断面，制作精密的榫卯，进行非常细致的雕饰与线角加工。由于具有了这个优越的物质条件，再加上当时高超的手工技艺和应有尽有的金属装饰工艺手段，使得明清家具达到了完美的地步，从而把中国古代家具推上了顶峰。

明代家具用料讲究，造型秀丽，装饰典雅，平直中带弯曲，结合严密，过渡自然，另外部件尺寸比例协调，桌椅四腿向外微张，非常稳定，它的特点是：安定浑厚、舒展优美、坚固耐用、文雅挺秀。

清代早期家具基本上继承了明代风格，变化不大，到了乾隆年间，广泛吸收了多种工艺美术手法，再加上统治阶级的欣赏趣味，尤其是宫廷家具，多施雕刻，把许多工艺美术的手法和作品吸收作为家具的装饰手法和题材，五光十色，琳琅满目，于是家具风格为之一变，为清代家具的装饰手法奠定基础，它的特点是多雕刻、多镶嵌、装饰华丽、造型高大庄重。

第三节　蒙古族家具的起源

内蒙古自治区地处中国北部，蒙古族是这里的主体民族，由蒙古族建立的元朝，实现了中国在历史上最大范围的统一，其遗存的带有浓郁民族文化特色的家具对中国传统文化研究有着至关重要的影响。

在人们的一般认识中，游牧民族很少使用家具或者家具的起源会晚一些。实际上，蒙古族家具的起源大体同我国中原地区同步，蒙古族古典式家具是在数千年中国北方游牧民族（匈奴、突厥、回鹘、鲜卑、契丹、女真等）传统家具基础上，在中原文化、藏传佛教文化和伊斯兰文化的共同影响下逐渐发展起来的，具有浓郁的民族风格和特色。

北方游牧民族家具的形式源于其特殊的生产、生活方式。由于游牧生产、生活的需求，蒙古先民们需要将生活、生产用品规整放置在一些相对固定的"家具"中，以便经常性频繁地游牧。蒙古包和蒙古族民间家具所具有的拆卸性和组合折叠的工艺特点，就是源于游牧生活的需求。据史料研究，匈奴帝国时期，北方民族家具已经有了较成熟的发展，特别是宫廷家具开始形成，使家具的观赏性和艺术性得以充分显现。当时的家具古拙质朴、庄重浑厚、简洁大方，相对于当时中原地区的家具，略高大而便于拆卸组合，类型涉及生活的方方面面。随着北方民族与中原地区频繁接触，文化也相互交融，以"胡"为统称的"胡琴""胡床"等各种游牧民族的用品传入中原地区，"胡服骑射"的穿着形式也影响着中原，游牧的文化形式和生活方式对中原地区社会文化的发展产生了巨大的影响。以"胡床"为代表的游牧文化中的家具，影响了中原传统的席地而坐的起居方式，促进了从低矮型家具向高型家具的发展，这无疑与北方游牧民族的文化影响息息相关。

蒙古族古典式的家具是在宋、辽、金家具形式基础上逐渐发展起来的，形成了富有自己本民族特色的浓郁的民族风格，造型端庄，制造完美而且实用、坚固。据有关考古史料与实物来看，元代家具基本沿袭了蒙古帝国以来的传统风格，家具形体硕大而庄重、雕饰精湛而细微，具有庄重、豪放、华丽之特点，体现出蒙古民族开放、宽容、剽悍、富丽的个性特点和审美追求。这时期宫廷家具不论是在质地还是在制作工艺上都显现出华丽研和、丰满端庄的特点，民间家具种类增多，更加注重色泽和纹样的装饰。

明清时期，随着元朝的覆灭和政治纷争的不断延续，蒙古族宫廷家具不仅没有得到发展甚至出现了衰微，有好多经典的传统家具慢慢遗失。这虽然同当时我国家具的总体繁荣发展形成了极大的反差，但不得不提出的是，明清家具之所以出现空前的发展，是与元之前北方民族家具的影响和元代家具的发展、特别是宫廷家具的发展息息相关的。当然，元代宫廷家具是在传统的北方游牧民族家具的基础上逐步形成和发展的。虽然到了明清时期，元宫廷家具出现了衰微，但民间家具仍在不断地丰富，并出现了多元繁荣发展的态势。

蒙古文化是集蒙古民族形成之前北方诸多游牧民族文化之大成发展而来。蒙古族传统文化是以藏传佛教文化、中原儒家文化、伊斯兰文化为主，并兼容了其他文化（萨满教、道教、喇嘛教等）共同影响形成的多元文化体系，在其发展历程中具有很强的包容性。在多元文化背景下形成的蒙古族文化体系必然影响到其生活的方方面面，家具用品也不例外。蒙古族家具自然也受着多元文化的影响，其民间家具注重传统制作技术，把握民族艺术特点，传承着草原游牧的特征。其宫廷家具除保留民族艺术特征外，更是大胆地吸收欧洲家具注重装饰和中原家具简洁工整、俊秀文雅的工艺特点，使蒙古族家具集不同国家和民族家具之大成逐步形成了自己独特的风格。在蒙古族传统家具的彩绘、雕刻中兼有佛教文化、中原汉文化和伊斯兰文化特征。

蒙古族传统家具以其特有的造型和精湛的工艺，别具匠心的艺术风格，赢得了世人的赞誉，是中华艺术宝库中的一束妍丽奇葩。

第四节　蒙古族家具研究现状及概念确立

近年来，有不少日本、意大利学者及收藏家不惜重金从我国购得蒙古族传统家具进行研究和收藏。

蒙古族传统家具的研究在国内个别院校及研究机构已经逐步展开，目前对蒙古族传统家具的研究样本基本取自国内，大多源自内蒙古，也有辽宁、吉林、黑龙江、新疆、青海、云南等不同省份的少数样本，但在中国以外的蒙古族传统家具从未进入研究范畴。

内蒙古农业大学的蒙古族工艺美术研究团队用了近十年的时间，经过大量调查和研究，对蒙古族传统家具及其装饰纹样等诸多方面展开了专题研究并已取得了诸多成果，在蒙古族传统家具的创新设计方面也取得了很大成绩，进而确立了"蒙古族传统家具"的概念和地位。

2003年，从《呼和浩特晚报》刊登的第一篇介绍蒙古族传统家具收藏的文章开始，以内蒙古农业大学郑宏奎教授为首的专家团队开始寻找蒙古族传统家具收藏家刘玉功先生，并试图与刘先生探讨开展蒙古族传统家具展示；2005年首个"草原文化保护日"，内蒙古农业大学在内蒙古美术馆推出"蒙古族传统家具展"，唤醒了社会对蒙古族传统家具的保护意识，蒙古族传统家具研究也逐渐得到了学术界的肯定和重视；2006年，第一篇关于研究蒙古族传统家具的论文——《蒙古族传统家具图案元素分析》发表；2007年，第一篇研究蒙古族传统家具的博士论文——《蒙古族传统家具装饰的研究》发表；2008年，第一个蒙古族传统家具博物馆——乌海蒙古族传统家居博物馆建立；2008年，第一本关于蒙古族传统家具的图书——《乌海蒙古族家居博物馆藏品》由内蒙古师范大学乌日切夫先生编撰出版；2008年，第一个蒙古族传统家具创新设计作品——《兰萨椅》获中国传统家具设计大赛铜奖；2009年，第一套蒙古族传统家具设计作品——《夏日》入选第十届全国美展；2012年，第一次对乌海蒙古族传统家居博物馆的详细调研完成；2013年，第一本研究北方游牧民族家具的专著由内蒙古大学艺术学院赵一东教授编撰出版。在近十年中，所有的工作为社会对蒙古族传统家具的认知和保护起到了积极的推动作用。

乌海蒙古族家居博物馆收集、珍藏了近900件蒙古族传统家具，展出了118件蒙古族家具精品，其年代从清朝早期到20世纪五六十年代不等，有些还是更晚时期的用品。这些家具多数来源于内蒙古西部牧区和农牧结合带地区，基本代表了内蒙古西部民间家具的风格与特点，收集、珍藏这些传统民间家具，不仅对保护和传承民族文化具有重要的意义，而且对研究和弘扬蒙古族家具艺术至关重要。

第五节 蒙古族家具研究的意义和价值

内蒙古自治区是一个以蒙古族为主体的少数民族地区，北方游牧民族在这里留下了丰富的草原文化。北方游牧民族文明是中华文明的重要组成部分，为了保护、传承和弘扬这一优秀文化遗产，我国蒙古族非物质文化遗产保护与传承研究工作变得尤为迫切。

蒙古族家具文化是中华艺术宝库的重要组成部分，是内蒙古自治区重要的物质和非物质文化遗产。收集、保护蒙古族传统家具，进行深入系统研究不仅具有重要的理论价值，对于弘扬少数民族优秀传统文化，推动本地区家具原创设计和产业化更有重要现实意义。在当前游牧民族生活方式日趋式微的形式下，蒙古族传统家具遗存流失严重，亟待保护、研究和开发应用。

目前对蒙古族传统家具的研究大多集中在图案和色彩方面，该两方面的论文已大量发表，但对蒙古族传统家具结构、工艺、材料方面的研究尚未展开。本书图例主要源于乌海蒙古族家居博物馆实物样本，在写作前对博物馆进行了调研，书中以家具样本的实测数据和结构测绘为依据，深入地展开蒙古族家具研究，并从蒙古族传统生活方式和传统文化方向分析各种结构特征的成因和发展变化。

蒙古族家具艺术是中华艺术宝库中的瑰宝，对于其蕴含的丰富民族文化要深入挖掘，把源于民族的文化呈现给读者。本书是国内首次对蒙古族家具研究的专著，是蒙古族传统家具研究工作的重大进步。旨在通过这样的研究建立一套民族家具的研究方法，对蒙古族家具文化的保护与传承工作做出新的、有益的尝试。

第二章

蒙古族家具的种类和形式

本章中实物样本大多采集于乌海蒙古族家居博物馆，该博物馆的家具藏品图像采集由李军完成，家具测绘由田昊东完成。本章中其他家具来源均作出了详细说明。实物编号的意义为：第一位数字为展厅编号（乌海蒙古族家居博物馆共3个展厅），中间两位数字为展示通柜序号，最后两位数字为实物在通柜内从左数起的排位序号。例如："1−07−03"，指1号展厅，7号通柜，左起第3件。

依据当今可考的蒙古族家具的实物样本，书中将蒙古族家具分为7类，分别为橱柜类、箱匣类、桌案类、床榻类、椅凳类、架具类、餐具类。下面对家具分类详解，并为每件家具图例配以详实的文字说明。每件家具的描述都是建立在调研、分析的基础上，分别从家具的类型、结构、装饰方法、材质、保存状况等方面对家具进行详尽地文字说明。

第一节　橱柜类

橱柜是蒙古族传统生活中的主要储藏用具，在传统生活中使用频率很

矮型木橱

图2−1　五屉红地单面金漆彩绘植物纹木橱

图2−1
编　号：2−00−01
长1055mm、宽315mm、高445mm

⊙小型木橱是蒙古族家居生活中的常用家具，主要功能是收纳宗教相关用具。该件木橱为框架结构，抽屉均可取出。装饰方法为正面彩绘。屉面为红地，金漆彩绘植物纹饰；边框也为红地，金漆彩绘植物纹饰。该木橱较低矮，原用途可能为寺庙、蒙古包（或固定居所）内存放佛经物品，也作诵经家具用，上面可摆放物品。该橱柜主要材质为松木，抽屉配铜质拉环。该家具使用痕迹较明显，结构不够紧凑，经过轻度修复及保护处理。

注：具有该类绘画内容的家具在功能上与宗教（藏传佛教）有关。

高，主要用于储藏食品和物品，在蒙古包内一般成对摆放。由于橱柜的实物样本存世量较多，在众多学者对蒙古族传统家具的研究范畴中，橱柜都是重要的研究对象，笔者的调研中亦同，本书中也同样有大量的实物样本进入研究范畴。

橱柜类家具有矮型和高型两大类，矮型的通常称为"橱柜"，在传统日常生活中较多见；高型的通常称为"立柜"，见于寺庙、王府、贵族家庭生活环境中。彩绘、描金、沥粉和雕刻都是橱柜类家具常用的装饰方法。

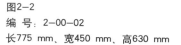

图2-2
编　号：2-00-02
长775 mm、宽450 mm、高630 mm

⊙该木橱为框架结构，抽屉均可取出，柜门可开启，下部装牙板。装饰方法为正面彩绘。屉面均为红地，金漆彩绘植物纹；柜门及旁边面板也均为红地，金漆彩绘植物纹饰；牙板漆墨绿色地。木橱大量使用双边结构，这不仅增加了结构强度，更为家具平添了几分艺术效果。原用途可能为寺庙、蒙古包内存放物品，上面可摆放物品。该橱柜主要材质为松木，抽屉原配铜质拉环，部分拉环缺失。该家具使用痕迹明显，但结构紧凑，入馆前经过轻度修复。

注：双边的结构处理方法是仿效中原传统家具的制作工艺。

图2-2 双屉双门红地单面描金彩绘植物纹木橱

图2-3
编　号：2-00-09
长780mm、宽460mm、高670mm

⊙该木橱为框架结构，上部两抽屉可取出，内部有隐藏的暗仓空间。木橱装饰方法为正面彩绘。屉面均漆红地，彩绘植物组合纹饰；边框为红色地，彩绘花卉纹。该木橱主要材质为松木，上部抽屉配铜质拉环。使用痕迹较明显，磨损严重，结构不够紧凑，经过轻度修复及保护处理。

图2-3 双屉红地单面彩绘植物组合纹木橱

图2-4 双屉双门朱地单面浮雕彩绘八宝纹木橱

图2-4
编　号：2-00-28
长1870mm、宽325mm、高475mm

⊙该木橱为框架结构，抽屉可取出，柜门可开启，下有牙板。该木橱装饰方法为雕刻、彩绘。柜门漆红地，彩绘八宝纹；屉面中心漆墨绿色地，彩绘菱形纹；中间有雕刻，嵌板上彩绘兰花草；其余小型嵌板均漆墨绿色地，彩绘菱形纹；下部牙板有雕刻，漆墨绿地，金漆描边。该桌主要材质为松木，抽屉和柜门均配铜质拉手。该家具有使用痕迹，结构紧凑，保存较好。

图2-5
编　号：3-02-01
长495mm、宽265mm、高320mm

⊙该木橱为榫卯结构，上面3个抽屉均可取出，下部面板封闭，形成暗仓。装饰方法为彩绘。屉面均漆红地，彩绘花卉植物纹；边框漆桔红色。木橱主要材质为松木，抽屉原配铜质拉环。该家具使用痕迹明显，结构较紧凑。该木橱清新雅致，具有文人气息。

图2-5 三屉红地单面彩绘植物纹木橱

图2-6
编　号：3-02-02
长510mm、宽270mm、高400mm

⊙该木橱为榫卯结构，抽屉均可取出。屉面及边框均漆红地。木橱主要材质为松木，抽屉原配铜质拉手。该家具使用痕迹明显，结构较紧凑，保存较好。

图2-6 四屉红漆木橱

日常生活中的橱柜

a—透视图   b—正视图

图2-7 双屉双门单面彩绘吉祥八宝纹橱柜

图2-7
编　号：1-07-01
长690mm、宽390mm、高885mm

⊙该橱柜为框架结构，抽屉均可取出，柜门可开启，下部装牙板。装饰方法为彩绘。该橱柜屉面和门板均为墨绿地，屉面彩绘植物纹饰，柜门彩绘佛教题材中的法轮和宝伞；下部牙板为墨色地勾彩边；边框为红地，勾植物纹饰。该橱柜主要材质为松木，抽屉与柜门配铜质拉环。该家具结构紧凑，保存较好。该橱柜应为成对制作，乌海蒙古族家居博物馆现藏一件。

图2-8
编　号：1-07-02
长770mm、宽420mm、高895mm

⊙该橱柜为框架结构，抽屉均可取出，柜门可开启，下部装牙板。装饰方法为彩绘。屉面为红地，彩绘花卉；柜门为黄地，彩绘内容分别为鲤鱼、莲花、兰花草、古琴和宝瓶，牡丹、松柏、棋盘；下部牙板为红地勾金边。图案中的鲤鱼、宝瓶等物件有吉庆有余、平安吉祥的美好寓意。橱柜主要材质为松木，抽屉与柜门配铜质拉环。该家具结构紧凑，保存较好。该橱柜应为成对制作，乌海蒙古族家居博物馆现藏一件。

图2-8 双屉双门红地单面彩绘吉庆有余平安富贵纹橱柜

图2-9 双屉双门红地单面彩绘虎虎生威图橱柜

图2-9
编 号：1-07-05
长690mm、宽390mm、高830mm

⊙该橱柜为框架结构，抽屉可取出，柜门可开启，下部装牙板。装饰方法为正面彩绘。屉面漆红地，彩绘植物纹；柜门漆红地，彩绘猛虎图，绘制方式左右对称；下部牙板漆桔黄地，勾绿色边线。边框正面漆桔黄地，彩绘植物纹饰。橱柜主体图案为"虎虎生威"，故根据主体图案为家具命名。橱柜主要材质为松木，抽屉与柜门配铜质拉环。该家具结构紧凑，保存较好。该橱柜应为成对制作，乌海蒙古族家居博物馆现藏一件。

图2-10 双屉双门单面彩绘吉祥杂宝纹橱柜

图2-10
编 号：1-07-06
长690mm、宽390mm、高830mm

⊙该橱柜为框架结构，抽屉可取出，柜门可开启，下部装牙板。装饰方法为正面彩绘。屉面漆桔红地，彩绘植物纹；柜门漆墨色地，彩绘钱币和宝伞；下部牙板为墨色地；边框正面漆墨色地，上有彩绘。橱柜主要材质为松木，抽屉与柜门配铜质拉环。该家具结构紧凑，保存较好。该橱柜应为成对制作，乌海蒙古族家居博物馆现藏一件。

图2-11 双屉双门红地单面彩绘吉祥八宝纹橱柜（一对）

图2-11
编 号：1-07-08
长690mm、宽390mm、高825mm

⊙该件橱柜为框架结构，抽屉均可取出，柜门可开启，下部装牙板。该橱柜主要材质为桦木。装饰方法为彩绘。屉面漆桔红地，彩绘植物纹；柜门中间部分漆墨绿地，彩绘内容为佛八宝图案中的法轮和海螺；下部牙板为红色地勾线，边框为红地，勾植物纹饰。该家具结构紧凑，保存较好。该橱柜为成对制作，均藏于乌海蒙古族家居博物馆。

图2-12
编 号：1-07-09
长685mm、宽390mm、高830mm

⊙该件橱柜为框架结构，抽屉均可取出，柜门可开启，下部装牙板。该橱柜主要材质为松木。橱柜装饰方法为正面彩绘。屉面漆桔色地，彩绘植物纹；柜门中间部分漆桔色地，彩绘内容为雄狮及幼崽，图案左右对称；下部牙板为墨绿地勾线；边框为墨绿地，勾植物纹饰。动物图案绘制的栩栩如生、吉祥雅趣，故取名"父子寻食"。该家具结构紧凑，保存较好。该橱柜应为成对制作，乌海蒙古族家居博物馆现藏一件。

图2-12 双屉双门单面彩绘父子寻食图橱柜

图2-13 双屉双门单面沥粉描金彩绘吉祥绶带纹橱柜

图2-13
编 号：1-07-10
长680mm、宽410mm、高820mm

⊙该橱柜为框架结构，抽屉均可取出，柜门可开启，下部装牙板。橱柜装饰方法为正面沥粉、描金、彩绘。屉面漆红地，金线勾植物纹；柜门漆红地，海螺及绶带纹样施以沥粉、描金、彩绘3种装饰方法，纹样左右对称；下部牙板为红色地，墨绿色勾边线，边框为墨绿地，勾彩色线条。海螺及绶带为家具主体装饰纹样，寓意吉祥如意。橱柜主要材质为松木，抽屉与柜门配铜质拉环。该家具使用痕迹较明显，结构不够紧凑，入馆前曾经修复。该橱柜应为成对制作，乌海蒙古族家居博物馆现藏一件。

图2-14 双屉双门单面彩绘熊猫图橱柜

图2-14
编 号：1-07-11
长695mm、宽400mm、高795mm

⊙橱柜，蒙古族家居生活中的常用家具，功能为收纳餐饮用具或食品等。该件橱柜为框架结构，抽屉均可取出，柜门可开启，下部装牙板。橱柜装饰方法为正面彩绘。屉面漆红地，彩绘植物纹；柜门漆红地，彩绘熊猫和竹林，金漆勾边饰；下部牙板为墨绿地，彩绘植物纹饰；边框为墨绿地，彩绘回形纹饰。彩绘主体内容为熊猫在竹林中觅食的景象，有鲜明的中原文化特征。橱柜主要材质为松木，抽屉与柜门配铜质拉环。该家具结构紧凑，入馆前经过轻度修复处理。该橱柜应为成对制作，乌海蒙古族家居博物馆现藏一件。

图2-15 双屉双门单面彩绘福瑞图橱柜

图2-15
编　号：1-07-12
长700mm、宽400mm、高795mm

该件橱柜为框架结构，抽屉均可取出，柜门可开启，下部装牙板。橱柜装饰方法为正面彩绘。屉面漆红地，彩绘植物纹；柜门漆红地，彩绘蝙蝠在云间飞翔图，金漆勾边饰；下部牙板为墨绿地，彩绘植物纹饰；边框为墨绿地，勾植物纹饰。彩绘题材借蝙蝠指代"福瑞"之意，内容具有中原文化特质和象征意义。橱柜主要材质为松木，抽屉与柜门配铜质拉环。该家具结构紧凑，入馆前经过轻度修复处理。该橱柜应为成对制作，乌海蒙古族家居博物馆现藏一件。

a—透视图   b—正视图

图2-16 双门红地单面彩绘龙纹橱柜

图2-16
编　号：2-00-03
长575mm、宽270mm、高650mm

⊙该橱柜为框架结构，柜门可开启，下部装牙板。橱柜装饰方法为正面彩绘。柜门漆红地，彩绘升龙及祥云图案；下部牙板为红色地，墨绿色勾边线；边框为红地，勾金色线条。橱柜主要材质为松木，柜门配铜质拉环。该家具结构紧凑，保存较好。该橱柜应为成对制作，乌海蒙古族家居博物馆现藏一件。

图2-17
编　号：2-00-05
长735mm、宽485mm、高880mm

⊙该橱柜为框架结构，柜门可开启，下部装牙板。橱柜装饰方法为正面彩绘。柜门漆红地，沥粉、描金、彩绘麒麟及祥云图案；下部牙板为红色地，墨绿色勾边线；边框为红地，勾绿色回纹。橱柜主要材质为松木。该家具结构较紧凑，入馆前经过轻度修复。该橱柜应为成对制作，乌海蒙古族家居博物馆现藏一件。

图2-17 双门红地单面沥粉描金彩绘瑞兽纹橱柜

图2-18
编　号：2-00-06
长890mm、宽515mm、高985mm

⊙该橱柜为框架结构，柜门可开启，下部装牙板。橱柜装饰方法为沥粉、描金、彩绘。柜门漆红地、绿边，用沥粉、描金两种方法描绘了宝伞图案，纹样左右对称；柜门下部面板漆红地，沥粉、描金、彩绘富贵牡丹图样；下部牙板为红色地，墨绿色勾边线；边框为墨绿色地，勾红色回纹。家具主体装饰纹样为藏传佛教图案。橱柜主要材质为松木。该家具使用痕迹较明显，结构较紧凑，保持较好。该橱柜应为成对制作，乌海蒙古族家居博物馆现藏一件。

图2-18　双门红地单面沥粉描金彩绘宝伞纹橱柜

图2-19
编　号：2-00-08
长880mm、宽490mm、高950mm

⊙该橱柜为框架结构，柜门可开启，下部装牙板。橱柜装饰方法为沥粉、描金、彩绘。柜门漆红地、绿边，用沥粉、描金、彩绘3种方法描绘了二龙戏珠图，植物纹围饰；柜门下部面板漆红地，绿色绘制纹样；下部牙板为红色地，绿色勾边线；边框为墨绿色地，勾红色回纹。橱柜主要材质为松木。该家具使用痕迹较明显，结构不够紧凑，经过轻度修复及保护处理。

图2-19　双门红地单面沥粉描金彩绘二龙戏珠图橱柜

图2-20 双门朱地单面彩绘富贵平安纹橱柜（一对）

图2-20
编　号：2-00-08
长640mm、宽340mm、高895mm

⊙该橱柜为框架结构，柜门可开启，下部装牙板。装饰方法为正面彩绘。柜门部分漆朱地，彩绘梅瓶、花卉，梅瓶下垫圆凳；框架正面漆朱地，彩绘蝙蝠，蝙蝠方向朝向柜体中心；下部牙板为墨色地勾彩边。借梅瓶和蝙蝠的谐音，图案整体寓意"富贵平安"。橱柜主要材质为松木。该家具使用痕迹较明显，结构不够紧凑，入馆前曾做结构和彩绘修复。该橱柜为成对制作，藏于乌海蒙古族家居博物馆。

图2-21
编　号：2-00-11
长700mm、宽400mm、高795mm

⊙该件橱柜为框架结构，抽屉均可取出，柜门可开启，下部装牙板。橱柜装饰方法为正面彩绘。屉面漆红地，彩绘植物纹；柜门漆红地，彩绘雄狮、猛虎及仙鹤，金漆勾边饰；下部牙板为墨绿地，彩绘植物纹饰；边框为墨绿地，勾植物纹饰。橱柜主要材质为松木，抽屉与柜门未见配饰。该家具结构紧凑，入馆前经过轻度修复。该橱柜应为成对制作，乌海蒙古族家居博物馆现藏一件。

图2-21 双屉双门单面彩绘狮虎纹橱柜

图2-22
编 号：2-04-06
长825mm、宽500mm、高1095mm

⊙衣柜是蒙古族家居生活中的常用家具，功能为收纳衣物或其他物品。该衣柜为框架结构，柜门可开启，下部装牙板。衣柜装饰方法为沥粉、描金、彩绘。柜门漆红地，沥粉、描金、彩绘凤凰牡丹图，下方为祥龙图；牙板漆红地，勾彩色边；边框为墨绿地，彩绘回纹。衣柜材质以松木为主。该衣柜装饰手法多样、描饰工艺细腻，中间龙凤图样栩栩如生，整件家具充满着吉祥喜庆之气。

图2-22 双门单面沥粉金漆彩绘鸾凤戏牡丹图衣柜

图2-23
编 号：2-00-26
长1175mm、宽57mm、高790mm

⊙橱柜，蒙古族家居生活中的常用家具，功能为收纳餐饮用具或食品等。该件木橱为框架结构，柜门可开启，下部装牙板。装饰方法为彩绘。柜门彩绘佛八宝纹样；其他嵌板彩绘龙纹及植物纹；下部牙板墨绿色勾边；边框为绿地，勾回形纹。该木橱彩绘内容以佛教题材居多，据此推断其应为宗教场所用家具。该木橱主要材质为松木，柜门拉环缺失。该家具结构紧凑，保存较好。

图2-23 双门红地单面彩绘八宝纹木橱

图2-24
编号：2-00-04
长1260mm、宽500mm、高885mm

⊙橱柜，蒙古族家居生活中的常用家具，功能为收纳所用。该橱柜为框架结构，上部面板两端平头外延，抽屉均可取出，柜门可开启，柜门与橱柜的连接方式为外露明榫。橱柜装饰方法为正面透雕及浮雕。屉面透雕植物纹；柜门及旁边板件浮雕植物纹。该橱柜主要材质为榆木，有明显中原文化特征。抽屉及柜门原配铜质拉环，抽屉拉环可加锁。家具雕工精致，结构紧凑，保存较好。

图2-24 双屉双门浮雕植物纹橱柜

图2-25
编号：2-00-26
长660 mm、宽380 mm、高615 mm

⊙木橱，蒙古族家居生活中的常用家具，功能为收纳等。该木橱为框架结构，做束腰处理，两块插板均可取开。装饰方法为雕刻、彩绘。小插板中心雕刻处有红地彩绘植物纹；木橱其余部分均为朱地。该橱柜主要材质为松木，做工较精细，使用痕迹明显，磨损较严重。

图2-25 翻门单面朱地彩绘植物纹木橱

b-正视图

a-透视图

图2-26 五门朱地单面浮雕彩绘松竹梅兰图木橱

图2-26
编号：2-00-30
长1870 mm、宽325 mm、高475 mm

⊙该木橱为框架结构，插板可抽出，柜门为暗门，需从内部开启。木橱装饰方法为雕刻、彩绘。插板漆红地，彩绘竹子、松柏、梅花；门板漆红地，彩绘兰花、竹子；下部中间嵌板漆红地彩绘。该桌主要材质为松木，有使用痕迹，结构不够紧凑，入馆前经修复处理，部分结构重新固定。该木橱是橱柜类家具中的一件珍贵、罕有的藏品。

图2-27
编　号：2-04-03
长610mm、宽245mm、高405mm

⊙该木橱为框架结构，9只抽屉均可取出。装饰方法为彩绘。橱柜正面漆红地，金漆彩绘团花纹，植物纹围饰；边框漆红色地。该家具主要材质为松木，结构较紧凑，柜门配铜质拉手。抽屉具有分割空间的功能，所以该木橱可作为药品橱，也可作为藏经柜。

图2-27 九屉红地单面金漆彩绘花草纹木橱

较大型的橱柜

图2-28
编　号：3-02-04
长1480mm、宽530mm、高1515mm

⊙立柜是固定居所内使用的家具，功能为收纳衣物或者其他器物等。该立柜为框架结构，柜门可开启，下有牙板。装饰方法为正面彩绘。柜门及正面嵌板均漆金地，彩绘龙凤图；边框为红色地，彩绘植物纹；牙板漆金色。该立柜描饰工艺细腻，中间龙凤图样丰富。该家具结构较紧凑，入馆前经过轻度修复处理，是乌海蒙古族家居博物馆的精品之一。

图2-28 双门金地单面彩绘龙凤吉祥纹立柜

图2-29
编　号：3-02-06
长1105mm、宽450mm、高970mm

⊙该橱柜为框架结构，柜门可开启。装饰方法为正面彩绘。柜门漆金地，沥粉、描金、彩绘龙纹；其他嵌板均、漆金地彩绘植物纹；边框彩绘植物纹饰。该橱柜描饰工艺细腻。该家具结构较紧凑，入馆前经过轻度修复处理，是乌海蒙古族家居博物馆的精品之一。

图2-29 四门金地单面彩绘云龙花卉纹橱柜

图2-30
编　号：3-04-02
长1510mm、宽525mm、高1530mm

⊙蒙古族信奉藏传佛教，藏经柜为宗教寺庙中收纳经卷和相关物品的家具。该藏经柜为框架结构，柜门可开启，柜内有抽屉，下有牙板。装饰方法为正面彩绘。柜门漆金地，彩绘龙狮象送宝图；边框漆红色地，彩绘植物纹。该藏经柜彩绘内容为佛教题材，原为寺庙中使用的家具。该藏经柜主要材质为松木，结构较紧凑，入馆前经过轻度修复，是乌海蒙古族家居博物馆精品之一。

图2-30 双门彩绘龙狮象送宝图藏经柜

高型立柜

图2-31 双门单面彩绘吉祥瑞兽纹立柜

图2-31
编　号：1-08-01
长995mm、宽600mm、高1652mm

⊙高型立柜是固定居所内使用的家具，功能为收纳衣物或者其他器物等。该立柜为框架结构，柜门可开启。装饰方法为正面彩绘。柜体上方面板漆红地，彩绘火焰宝纹样；柜门部分漆红地，彩绘麒麟图，植物纹围饰；下方面板也为红地，彩绘海螺及植物纹样；边框为墨绿地，彩绘回纹饰样。彩绘题材以麒麟为重点，火焰宝及海螺则带有佛教色彩，内容兼有中原及藏传佛教文化特征。橱柜主要材质以松木为主，柜门配有拉手。该家具结构较紧凑，入馆前经过轻度修复处理。

图2-32 双门红地单面沥粉描金彩绘龙凤呈祥纹立柜

图2-32
编　号：1-08-02
长995mm、宽600 mm、高1652 mm

⊙该立柜为框架结构，柜门可开启，下部装牙板。装饰方法为正面沥粉、描金、彩绘。柜门漆红地，沥粉、描金、彩绘凤凰牡丹图；柜门四周均漆红地，沥粉、描金、彩绘祥龙图案及火焰宝纹样；边框也为红地，金线绘制纹饰；下部牙板漆红地上勾彩色边。橱柜主要材质以松木为主，柜门配有拉手。该立柜装饰手法多样、描饰工艺细腻，中间龙凤呈祥图样栩栩如生，整件家具充满着吉祥喜庆之气。该件藏品也是乌海蒙古族家居博物馆的精品之一。该家具结构较紧凑，入馆前经过轻度修复处理。

图2-33 双门桔红地单面彩绘双狮献瑞纹立柜

图2-33
编　号：1-08-03
长995mm、宽600mm、高1652mm

⊙该立柜为框架结构，柜门可开启，下部两侧装牙板。装饰方法为正面彩绘及雕刻。柜门漆桔红地，彩绘双狮（双狮脚踩大地，头顶摩尼珠），图样左右对称；柜门四周均漆桔红地，上方墨线绘制龙首，下方墨线勾勒麒麟，其他处单色绘制祥云；下部两牙板漆朱色地，上有放射状线条雕刻，似太阳图形；边框为桔红地，上有彩绘植物纹。立柜彩绘内容丰富，繁杂中不失细腻，动物图样栩栩如生，在吉祥中蕴含着些许宗教气息。该家具结构较紧凑，入馆前经过轻度修复。

注：此家具彩绘中"双狮"也可理解为"瑞兽"之意。

图2-34 双门红地单面彩绘双龙纹立柜

图2-34
编　号：1-08-04
长950mm、宽570mm、高1840mm

⊙该立柜为框架结构，柜门可开启，下部装牙板。装饰方法为正面彩绘。柜门漆红地，彩绘双龙祥云图；四周均漆红地，下部彩绘雄鹰腾空，四周彩绘植物纹；下方牙板为红地，勾墨绿色边线。橱柜材质以松木为主，柜门配有拉手。该立柜在彩绘题材上将龙、雄鹰图案与宗教宝物进行了结合。该家具结构较紧凑，入馆前经过轻度修复处理。

图2-35 双门桔黄地单面彩绘修佛图立柜

图2-35
编　号：1-09-01
长1300 mm、宽560 mm、高1830 mm

⊙该立柜为框架结构，柜门可开启，下部有牙板。装饰方法为正面彩绘。柜门漆桔黄地，彩绘高僧修行图，植物纹围饰；柜门四周均漆桔黄地，下方墨线绘制麒麟，其他处单色勾勒祥云；下部牙板漆桔黄地，绿色绘制植物纹，边框为墨绿地，彩绘回纹。立柜正面与牙板在结构、色彩、图案上浑然一体，主体彩绘高僧修行图层次分明，这件家具带有浓郁的宗教气息。该家具结构较紧凑，入馆前经做轻度修复。

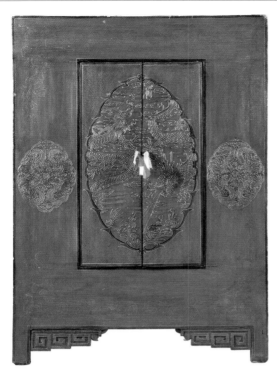

图2-36 双门红地单面沥粉描金彩绘龙纹衣柜

图2-36
编 号：1-09-02
长1290mm、宽540mm、高1860mm

⊙该立柜为框架结构，柜门可开启，下部装牙板。装饰方法为正面沥粉、描金、彩绘、雕刻。柜门漆红地，沥粉、描金、彩绘双龙图，勾金色万文字纹围合；四周漆红地，左右均为沥粉、描金、彩绘祥龙图案，四周金色绘制植物纹；下部牙板漆红地，雕刻回纹描金色。橱柜材质以松木为主，柜门配有拉手。此立柜装饰手法并不繁复，中心与两侧祥龙纹样在构图上有差异，立柜整体蕴含着华丽富贵之气。该家具结构较紧凑，入馆前经过轻度修复处理。

图2-37 双门单面彩绘神话故事图案立柜

图2-37
编 号：1-09-03
长1340mm、宽575mm、高1965mm

⊙该立柜为框架结构，柜门可开启。装饰方法为正面彩绘。柜门部分彩绘神话故事图案，植物纹围饰；四周为大面积红地，牙角处彩绘植物纹；边框为墨绿地，彩绘回纹样。立柜正面与牙板在结构、色彩、图案上浑然一体，主体画面细节丰富、栩栩如生。该立柜为框架结构，柜门可开启，下有牙板；门板与柜体的结合是本家具的特殊结构之处。橱柜材质以松木为主，柜门配有拉手。该家具结构较紧凑，入馆前经过轻度修复处理。

图2-38
编　号：2-00-07
长945mm、宽480mm、高1600mm

⊙该立柜为框架结构，柜门可开启，下部
装牙板。装饰方法为正面彩绘。柜门部分彩
绘双龙祥云图，植物纹围饰；四周为大面
积红地，牙角处彩绘植物纹；下部牙板为
墨绿色彩绘；边框为墨绿地，彩绘回纹。
彩绘双龙升腾翻滚、栩栩如生。橱柜材质
以松木为主。该家具结构较紧凑，入馆前
经过轻度修复处理。

图2-38 双门红地单面彩绘双龙纹立柜

　　藏传佛教和萨满教是蒙古族信仰的两大主要宗教，蒙古包和寺庙中的很
多富有宗教色彩的橱柜为研究提供了丰富的实物样本。

　　富有宗教色彩的橱柜在尺度上较蒙古族日常生活中的橱柜大很多，并且
形态与普通橱柜也有差别。该类橱柜通常在正面施以精彩的绘画，描金、沥粉
和雕刻也是该类家具常用的修饰手法，常常是多种装饰方法同时出现在该类橱
柜家具上。

具有典型宗教特征的橱柜

图2-39
编　号：2-04-01
长650mm、宽365mm、高600mm

⊙该橱柜为框架结构，双屉可取出，柜门可开启，下部装牙板。装饰方法为彩绘。屉面彩绘植物纹、八宝纹；柜门漆红地，彩绘几何纹、植物纹、盘肠纹等组合图样，绘制方式左右对称；下部牙板漆红地，边框漆红地，彩绘几何纹及盘肠纹。橱柜主要材质为松木，结构紧凑，抽屉与柜门配银质拉环。橱柜彩绘纹样繁多、组织有序，色彩丰富艳丽，视觉效果异常精美，是乌海蒙古族家居博物馆精品之一。

图2-39　双屉双门红地单面金漆彩绘几何纹橱柜

图2-40
编　号：2-04-02
长650mm、宽365mm、高660mm

⊙该橱柜为框架结构，双屉可取出，柜门可开启。装饰方法为彩绘。柜门漆红地，彩绘佛教故事中的轮回图，周围金漆勾植物纹饰；屉面彩绘狮纹及宝杵纹；边框漆朱地。该家具主要材质为杨木，结构不够紧凑，有缺失，柜门与抽屉均配铜质拉手。依据彩绘内容，该木橱应用于收纳宗教用品。

图2-40　双屉红地单面金漆彩绘佛教故事图木橱

图2-41 双屉红地单面金漆彩绘团花卷草纹木橱

图2-41
编　号：2-04-04
长645mm、宽360mm、高600mm

⊙橱柜，蒙古族家居生活中的常用家具，功能为收纳物具或食品等。该木橱为框架结构，双屉可取出，柜门可开启。装饰方法为彩绘。柜门及屉面均漆红地，金漆彩绘团花纹、植物纹；边框漆金色地。该家具主要材质为松木，结构较紧凑，柜门与抽屉均配银质拉手。该木橱也称作佛柜，可在柜内供奉佛像。

图2-42 红地单面金漆彩绘十字金刚杵纹木橱

图2-42
编　号：2-04-05
长665mm、宽435mm、高665mm

⊙该木橱为框架结构，双屉可取出，柜门可开启。装饰方法为彩绘。橱柜正面漆红地，金漆彩绘十字金刚杵纹；边框漆金色地。该家具主要材质为松木，结构较紧凑，柜门配铜质拉手。该木橱也称作佛柜、经书柜，名称可依据其用途不同而定。

图2-43 双门红地单面彩绘瑞兽花卉纹藏经柜

图2-43
编　号：3-02-03
长950mm、宽345mm、高880mm

⊙蒙古族信奉藏传佛教，藏经柜为宗教寺庙中收纳经卷和相关物品的家具。该藏经柜为框架结构，柜门可开启。装饰方法为正面彩绘。柜门漆红地，彩绘金翅鸟等4种佛教故事中的瑞兽；其余嵌板均为红色地，彩绘植物纹。藏经柜主要材质为松木。该家具结构较紧凑，入馆前经过轻度修复，是乌海蒙古族家居博物馆精品之一。

图2-44 双门红地彩绘护法神藏经柜

图2-44
编　号：3-02-05
长740mm、宽360mm、高1010mm

⊙蒙古族信奉藏传佛教，藏经柜为宗教寺庙中收纳经卷和相关物品的家具。该藏经柜为榫卯结构，柜门可开启，外侧辅以边框。装饰方法为彩绘。柜门漆红地，彩绘两幅佛教故事中的护法神图样，辅以花草及雀鸟；边框彩绘莲花瓣；柜内彩绘祥云纹。该藏经柜彩绘内容玄幻，描饰工艺细腻，整件家具充满着神秘气息。藏经柜主要材质为松木，使用痕迹明显，入馆前曾轻度修复，是乌海蒙古族家居博物馆精品之一。

图2-45 双门描金彩绘八宝纹藏经柜

图2-45
编　号：3-04-03
长1510mm、宽525mm、高1530mm

⊙该藏经柜为框架结构，柜门可开启，下有牙板。装饰方法为正面彩绘。柜门及嵌板均漆红地，彩绘佛家八宝；边框漆墨绿地，彩绘回纹；牙板墨绿地勾彩色边。该藏经柜彩绘内容为佛教题材。藏经柜主要材质为松木，结构较紧凑，入馆前经过轻度修复，是乌海蒙古族家居博物馆精品之一。

第二节 箱匣类

　　箱匣类家具是蒙古族传统生活中不可缺少的家具类别，主要用于存放衣服、被褥和生活杂物。

　　箱型家具在蒙古族传统生活中也称作"板箱"，由于其以木制结构为主，在本书中称作"木箱"。木箱的箱体前部或顶部有可以翻起的盖，在正面常有彩绘装饰，金属包饰是木箱表面常用的装饰方法。

　　木匣在尺寸上较木箱小很多，以木制结构为主，整体形态呈长方形或正梯形，可开启的盖子（或插板）位于木匣顶部。木匣四边和四角通常有金属包覆，起到保护和装饰作用。在木匣上有彩绘植物或动物纹，八宝图样也是常见的木匣表面彩绘题材。

木 箱

图2-46 翻门红地单面彩绘琴棋书画纹木箱

图2-46
编　号：2-01-05
长790mm、宽400mm、高585mm

⊙木箱，蒙古族家居生活中的重要家具类型之一，功能为收纳衣物、被褥或日常用品等。该木箱为榫卯结构，箱盖可上翻起。装饰方法为彩绘。正面漆红地，彩绘琴棋书画图，四周彩绘植物围合中心图案；箱体其余部分均无色漆。该木箱主要材质为松木。木箱有使用磨损痕迹，结构较紧凑，入馆前曾做修复和保护处理。该木箱内部洁净无油渍，其原用途应为收纳衣物等。

图2-47 翻门红地单面彩绘琴棋书画纹木箱（一对）

图2-47

编　号：2-01-06　2-01-07

长725mm、宽310mm、高410mm

⊙该对木箱为榫卯结构，箱盖可上翻起。装饰方法为彩绘。正面中心漆金色地，彩绘琴棋书画、杂宝及植物图样，四周均漆红地。该对木箱主要材质为松木，箱盖与箱体有铜质连接配件，箱体两侧有孔洞，穿连皮绳用于提拉。木箱有轻微使用磨损痕迹，入馆前曾做轻度保护处理。该对木箱内部洁净无油渍，其原用途应为收纳衣物等。

图2-48 翻门红地单面彩绘纹云龙纹木箱

图2-48

编　号：2-01-08

长645mm、宽415mm、高570mm

⊙该木箱为榫卯结构，箱盖可上翻起。装饰方法为彩绘，正面漆红地，彩绘双龙祥云图。该木箱主要材质为松木，箱盖与箱体有银质连接配件，箱体两侧有孔洞，穿连麻绳用于提拉。木箱有使用痕迹，结构较紧凑，保存较好。彩绘龙纹层次丰富、精美细致，由此判断，应为王府贵族所用。

图2-49 翻门红地单面彩绘平安富贵图木箱（一对）

图2-49
编　号：2-01-09　2-01-10
长765mm、宽380mm、高575mm

⊙该对木箱为榫卯结构，箱盖可上翻起。装饰方法为彩绘。正面中心漆朱地，彩绘瑞兽、钱币图，左右彩绘梅瓶和花卉；四周彩绘植物围合中心图案。瑞兽、钱币图代表"富贵"，梅瓶和花卉图代表"平安"，彩绘内容寄托着美好寓意。该木箱主要材质为松木，箱盖与箱体有银质连接配件，箱体两侧有孔洞，穿连皮绳用于提拉。木箱有使用磨损痕迹，结构较紧凑，入馆前曾做修复和保护处理。该对木箱内部洁净无油渍，其原用途应为收纳衣物等。

图2-50 翻门红地单面彩绘狮子衔绶带纹木箱

图2-50
编　号：2-02-01
长880mm、宽570mm、高455mm

⊙该木箱为榫卯结构，箱盖可上翻起。装饰方法为彩绘。顶面漆红地，彩绘回纹；正面中间漆红地，彩绘狮子衔绶带图，下部彩绘祥云纹，四边蓝色地，彩绘回纹。该木箱主要材质为松木，箱盖与箱体由金属合页连接。木箱有轻微使用痕迹，结构紧凑，保存较好。该木箱内部洁净无油渍，其原用途应为收纳衣物等。入馆前曾做修复和保护处理。

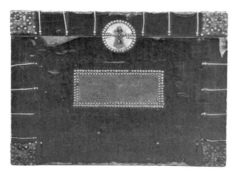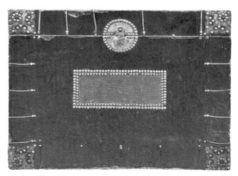

图2-51 翻盖铜饰包边包角木箱（一对）

图2-51
编　号：2-02-02　2-02-03
长700mm、宽395mm、高530mm

⊙该木箱成对制作，均藏于乌海蒙古族家居博物馆。该对木箱为榫卯结构，箱盖可上翻起，箱体包覆皮革。角部包覆铜角饰件，边处包覆铜条饰件，其上均有泡钉。泡钉不仅起到加固的作用，也有很好的装饰效果。箱体正面中间用铜钉和银钉装饰。箱体使用痕迹明显，外观有磨损。该对木箱内部较洁净，入馆前曾做修复和保护处理。

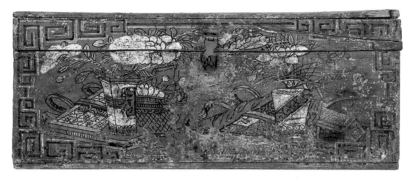

图2-52
编　号：2-02-05
长585mm、宽295mm、高240mm

⊙该木箱为榫卯结构，箱盖可上翻起。装饰方法为彩绘。正面漆红地，彩绘内容为琴棋书画及花卉；四边彩绘回纹。该木箱主要材质为松木，箱盖与箱体由金属合页连接。木箱使用痕迹明显，磨损较严重，结构不够紧凑，入馆前曾经修复处理。

图2-52　翻盖红地单面彩绘琴棋书画图木箱

图2-53
编　号：2-02-06
长585mm、宽295mm、高240mm

⊙该木箱为榫卯结构，箱盖可上翻起。装饰方法为彩绘。正面漆红地，彩绘内容为孔雀牡丹；四边彩绘回纹。该木箱主要材质为松木，箱盖与箱体由金属合页连接。木箱使用痕迹明显，磨损较严重，结构不够紧凑，入馆前曾经修复处理。

图2-53　翻盖红地单面彩绘孔雀牡丹图木箱

图2-54
编　号：2-02-07
长790mm、宽400mm、高610mm

⊙该木箱为榫卯结构，箱盖可上翻起。装饰方法为彩绘。正面中心漆朱地，彩绘狮子舞绸图，左右彩绘梅瓶和花卉；四周彩绘植物围合中心图案。借狮和瓶的谐音借指"事事平安"的美好寓意。该木箱主要材质为松木，箱盖与箱体有银质连接配件。木箱有使用磨损痕迹，结构较紧凑，入馆前曾做修复和保护处理。该木箱应为一对，乌海蒙古族家居博物馆现藏一只。

图2-54　翻盖红地单面彩绘事事平安纹木箱

图2-55 翻盖红地单面彩绘描金经文图谱纹木箱

图2-55
编 号：2-02-08
长650mm、宽370mm、高550mm

⊙该木箱为榫卯结构，箱盖可上翻起。装饰方法为彩绘。正面中心漆红地，绘制金色经文图谱纹，四周彩绘盘肠纹围合中心图案。依据绘画内容，该木箱原用途为放置宗教用品。该木箱主要材质为松木，箱盖与箱体有铜质连接配件。木箱有使用磨损痕迹，结构较紧凑，入馆前曾做修复和保护处理。

图2-56 翻盖朱地单面彩绘喜鹊登梅图木箱

图2-56
编 号：2-02-09
长800mm、宽440mm、高335mm

⊙该木箱为榫卯结构，箱盖可上翻起。装饰方法为彩绘。正面漆朱地，彩绘喜鹊、花草图；四边彩绘云卷纹。该木箱主要材质为松木，箱盖与箱体由金属合页连接。木箱有使用痕迹，结构较紧凑。该木箱内部洁净无油渍，其原用途应为收纳衣物。彩绘部分光鲜亮丽，入馆前曾做修复和保护处理。

图2-57 翻盖红地单面彩绘花鸟图木箱

图2-57
编 号：2-02-10
长730mm、宽400mm、高510mm

⊙该木箱为榫卯结构，箱盖可上翻起。装饰方法为彩绘。正面漆红地，彩绘雀鸟及花卉图，周围勾金色纹饰；箱体其余部分均漆红色。该木箱主要材质为松木，箱盖与箱体由金属合页连接。木箱由使用磨损痕迹，结构较紧凑，入馆前曾做修复和保护处理。

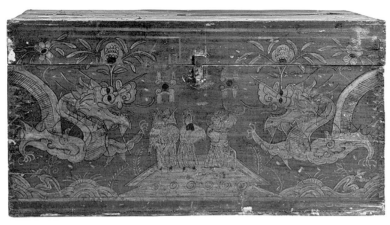

图2-58
编 号：3-01-02
长1045mm、宽555mm、高570mm

⊙该木箱为榫卯结构，箱盖可上翻起。装饰方法为彩绘。木箱漆红地，正面两侧绘制双龙，中间为戏装人物故事图。该木箱主要材质为松木，箱盖与箱体由金属合页连接。木箱有使用痕迹，无油渍，可能为放置衣物用箱。

图2-58 翻盖红地双龙人物故事纹木箱

图2-59 翻盖银饰花鸟纹戏装箱

图2-59
编 号：3-05-03
长920mm、宽480mm、高865mm

⊙该木箱为榫卯结构，箱盖前翻起。装饰方法为金属包覆，正面金属团寿花纹贴饰。箱盖与箱体有金属连接配件，箱体正面有金属拉手。木箱有使用痕迹，其原用途应为收纳衣物等。

图2-60

编　号：3-05-01

长910mm、宽475mm、高820mm

⊙该木箱为榫卯结构，箱盖前翻起。装饰方法为银饰包覆，银饰上雕刻花卉植物纹。箱盖与箱体有银质连接配件，箱体两侧固定有银质拉手。金属饰件不仅有加固作用，而且起到美观箱体的效果。木箱有使用痕迹，其原用途应为收纳衣物，入馆前经过轻度修复，是乌海蒙古族家居博物馆精品之一。

注：该木箱正面所见金属装饰可能属于合金材质，泛出银质光泽，合金比例待考。

图2-60 翻盖铁饰团寿纹戏装箱

木 匣

a-正视图

b-透视图

图2-61 翻盖铁包角包边四面彩绘鹿虎图木盒

图2-61

编　号：2-04-07

长345mm、宽170mm、高190mm

⊙木盒是蒙古族家居生活中的常备家具，功能为收纳小型物件，方便搬移和携带。该木盒为榫卯结构，盒盖上开启。木盒装饰方法为包覆及五面彩绘。正面彩绘鹿和虎，植物纹及祥云纹围绕各个面。边角处由金属卡包覆，包边角不仅起到加固作用，兼有美化的作用。材质以松木为主，盒盖与盒体由金属配件连接，结构较紧凑，入馆前做过保护处理。

图2-62

编　号：2-04-08

长500mm、宽190mm、高200mm

⊙该木盒为榫卯结构，盒盖上开启。木盒装饰方法为包覆及五面彩绘。正面彩绘动物，祥云纹围绕各个面，边框处漆墨绿地彩绘植物纹。边角处由金属卡包覆，包边包角不仅起到加固作用，兼有美化的作用。材质以松木为主，盒盖与盒体由金属配件连接，结构紧凑，入馆前曾做保护处理。

图2-62　翻盖铁包角包边四面彩绘动物图木盒

图2-63

编　号：2-04-09

长495mm、宽235mm、高210mm

⊙此木盒为榫卯结构，盒盖上开启。木盒正面墨色绘制牡丹亭台图，边角及其余各面漆墨地。材质以松木为主，使用痕迹明显，磨损较严重，入馆前曾做保护处理。

图2-63　翻盖单面墨色牡丹亭台图木盒

图2-64

编　号：2-04-10

长330mm、宽160mm、高310mm

⊙该木盒为正梯形，榫卯结构，盒盖上开启。木盒装饰方法为包覆及彩绘。盒体漆墨绿地，正面中心彩绘龙纹，祥云纹及其他纹样围绕各面；盒盖漆红地，彩绘祥云纹。边角处由金属卡包覆，材质以松木为主，盒盖与盒体由金属配件连接，入馆前曾做保护处理。

图2-64　翻盖铁包角包边四面彩绘吉祥纹木盒

图2-65
编号：2-04-11
长390mm、宽155mm、高295mm

⊙该木盒为榫卯结构，盒盖上开启。木盒装饰方法为包覆及彩绘。盒体漆金地，正面彩绘双鱼牡丹图；其余各面彩绘祥云纹。边角处由金属卡包覆。材质以松木为主，盒盖与盒体由金属配件连接，入馆前曾做保护处理。

图2-65 翻盖铁包角包边四面彩绘双鱼牡丹纹木盒

图2-66 翻盖铁包角包边四面彩绘牡丹纹木盒

图2-66
编号：2-04-12
长400mm、宽150mm、高200mm

⊙该木盒为榫卯结构，盒盖上开启。木盒装饰方法为包覆及四面彩绘。正面漆绿色地，彩绘牡丹纹，植物纹围绕各个面，边框漆朱地。边角处由金属卡包覆。材质以松木为主，盒盖与盒体由金属配件连接。该木盒结构不够紧凑，入馆前曾做保护处理。

图2-67
编　号：2-04-13
长315mm、宽180mm、高330mm

⊙该木盒为正梯形，榫卯结构，盒盖上开启。装饰方法为包覆及四面彩绘。正面漆墨绿色地，彩绘牡丹及雀鸟，植物纹围绕各个面。立边由金属卡包覆。材质以松木为主，盒盖与盒体由金属配件连接。该木盒装饰美观、结构紧凑，入馆前曾做保护处理。

图2-67　翻盖铁包角包边四面彩绘花鸟纹木盒

图2-68
编　号：2-04-14
长500mm、宽150mm、高310mm

⊙该木盒为榫卯结构，盒盖上开启。木盒装饰方法为包覆及彩绘。盒体漆金地，正面彩绘双鹿图，边框及其余各面彩绘祥云纹。边角处由金属卡包覆。材质以松木为主，盒盖与盒体由金属配件连接，入馆前曾做保护处理。

图2-68　翻盖铁包角包边四面彩绘双鹿图木盒

图2-69
编　号：2-04-15
长400mm、宽160mm、高200mm

⊙该木盒为榫卯结构，盒盖上开启。木盒装饰方法为包覆及彩绘。盒体正面彩绘祥龙，其余各面彩绘祥云纹。边角处由金属卡包覆。木盒材质以松木为主，盒盖与盒体由金属配件连接，入馆前曾做保护处理。

图2-69　翻盖铁包角包边四面彩绘祥龙纹木盒

图2-70

编　号：2-04-16

长395mm、宽170mm、高215mm

⊙该木盒为榫卯结构，盒盖上开启。木盒装饰方法为包覆及彩绘。盒体漆金地，各面均彩绘大象，边框处漆墨绿地。边角处由金属卡包覆。木盒材质以松木为主，盒盖与盒体由金属配件连接，入馆前曾做保护处理。

图2-70　翻盖铁包角包边四面彩绘动物图木盒

图2-71

编　号：2-04-17

长395mm、宽165mm、高190mm

⊙该木盒为榫卯结构，盒盖上开启。木盒装饰方法为包覆及彩绘。盒体漆红地，正面彩绘猛虎，祥云纹修饰其余各面。边角处由金属卡包覆。木盒材质以松木为主，盒盖与盒体有由金属配件连接，入馆前曾做保护处理。

图2-71　翻盖铁包角包边四面彩绘猛虎图木盒

图2-72

编　号：2-04-18

长395mm、宽150mm、高205mm

⊙该木盒为榫卯结构，盒盖上开启。木盒装饰方法为包覆及彩绘。盒体漆墨绿地，正面彩绘牡丹，祥云纹修饰其余各面。边角处由金属卡包覆。木盒材质以松木为主，盒盖与盒体由金属配件连接，入馆前曾做保护处理。

图2-72　翻盖铁包角包边四面彩绘牡丹纹木盒

图2-73
编 号：2-04-19
长395mm、宽150mm、高220mm

⊙该木盒为榫卯结构，盒盖上开启。木盒装饰方法为包覆及彩绘。盒体漆红地，正面彩绘鹿、花卉，祥云纹修饰其余各面。边角处由金属卡包覆。木盒材质以松木为主，盒盖与盒体由金属配件连接，入馆前曾做保护处理。

图2-73 翻盖铁包角包边四面彩绘吉祥纹木盒

图2-74
编 号：2-04-20
长300mm、宽180mm、高200mm

⊙该木盒为正梯形，榫卯结构，盒盖上开启。木盒装饰方法为包覆及彩绘。盒体漆红地，正面彩绘牡丹图，其余各面均有彩绘修饰。边角处由金属卡包覆。木盒材质以松木为主，盒盖与盒体由金属配件连接。木盒彩绘图案艳丽，入馆前曾做保护处理。

图2-74 翻盖铁包角包边四面彩绘牡丹纹木盒

a-箱体图案　　　　　　　　　　b-结构拆解图

图2-75 插板四面彩绘人物故事图木盒

图2-75
编 号：2-04-21
长210mm、宽130mm、高180mm

⊙该木盒为榫卯结构，盒盖为插板，可从左侧开启。木盒装饰方法为彩绘。盒体漆红地，四面彩绘人物故事图。木盒材质以松木为主，结构紧凑，保存完好。彩绘图案富有故事性，是乌海蒙古族家居博物馆的精品之一。

图2-76~2-78

⊙该类首饰盒需先制作木胎，在木胎上按预定图案搽出凹槽，将牛骨雕刻成的鸟、各种花卉和传统吉祥寓意的图案沾取少量胶液嵌于凹槽内，再经过磨制，与木器表面取平。骨嵌内容为喜上眉梢，喜鹊和梅花用骨嵌制成，与木雕的枝头相映成趣，古朴中透露着雅致。

注：图2-76~2-78作品为赤峰德力格尔收藏。该图片选自阿木尔巴图先生《蒙古族工艺美术》。

图2-76 骨雕镶嵌首饰盒 1

图2-77 骨雕镶嵌首饰盒 2

图2-78 骨雕镶嵌首饰盒 3

　　蒙古族传统家具中和宗教有关的箱匣类家具实物样本较多。这类家具主要用于收藏和储存经文、法器等用途。这类家具体量不是很大，在家具表面有关于佛教题材的绘画和纹样，如八宝图样、缠枝纹、莲花纹等，也有精彩雕刻装饰的样本。

第三节　桌案类

　　桌案类家具是蒙古族传统生活中进行餐饮、置物、供奉、诵经等多项活动的必备家具。

　　蒙古族传统家具中桌的形态较小，桌面的形状有方形和矩形两种。按用途的不同，桌分为矮桌、供桌、经桌等。矮桌通常用于餐饮，桌面多为正方形，上有彩绘装饰，周侧也有雕刻和彩绘装饰；而诵经和供奉用桌尺度较高，一般在正立面有彩绘装饰，这类桌子有的还可以拆分为上下两部分（见图2-93）。

　　蒙古族传统家具中案型家具的尺度大于桌型家具。案主要用于供奉，由于蒙古包内的空间限制，在寺庙、王府等固定场所内才有较高大的案型家具。彩绘、描金、雕刻、沥粉都是案型家具常用的装饰方法。

矮　桌

a-桌面图案

图2-79 红地单面彩绘双狮纹方桌

b-透视图

图2-79
编　号：2-00-12
长695mm、宽695mm、高265mm

⊙方桌，蒙古族家居生活中的常用家具，用于室内外餐饮活动或供奉、置物等。该方桌为框架结构，四周装牙板，桌腿为圆腿。方桌装饰方法为桌面漆红地，中心彩绘双狮绣球，再绘4只蝙蝠围合双狮图，外围边框彩绘植物纹饰。方桌主要材质为松木，结构紧凑，入馆前经过轻度修复。

a—桌面图案

图2-80 红地单面彩绘瑞兽植物纹方桌

b—透视图

图2-80
编号：2-00-12
长575mm、宽575mm、高250mm

⊙该方桌为框架结构，四周装牙板，桌腿截面为外圆内方。方桌装饰方法为桌面漆红地，中心彩绘狮、虎、鹿、麒麟，再绘4只蝙蝠围合中心瑞兽图，外围边框彩绘植物纹饰。方桌主要材质为松木，结构紧凑，入馆前经过轻度修复。

a—桌面图案

图2-81 红地五面彩绘瑞兽植物纹方桌

b—透视图

图2-81
编号：2-00-17
长575mm、宽575mm、高240mm

⊙该方桌为框架结构，桌膛暗藏收纳空间，四角装牙子，桌腿截面为外圆内方。方桌装饰方法为五面彩绘。桌面漆红地，中心彩绘狮、虎、麒麟等，再绘制植物纹、回纹围合中心瑞兽图，外围边框彩绘植物纹饰；四周均漆红地彩绘植物纹；四周牙子及横枨下牙条均为红地彩绘植物纹。方桌主要材质为松木，结构不够紧凑，入馆前经过修复。

b-透视图

a-桌面图案
图2-82 红地单面彩绘龙纹方桌

图2-82
编 号：2-00-18
长575mm、宽575mm、高240mm

⊙该方桌为框架结构，桌面下有牙板，四角装牙子，腿部结构为一腿三牙。方桌装饰方法为五面彩绘。桌面漆红地，中心彩绘祥龙图，再绘制植物纹、回纹向中心围合，外围边框彩绘植物纹饰；四周牙板均漆红地彩绘植物纹；四角牙子均为红地彩绘植物纹。方桌中心祥龙栩栩如生、层次丰富，彩绘由内向外可细分为6层，四周彩绘与桌面呼应，方桌整体色彩和谐、内容繁而不乱、绘制技法精致细腻，是蒙古族方桌类家具中的精品之一。方桌主要材质为松木，结构紧凑，入馆前经过轻度修复。

图2-83 红地四面浮雕彩绘木桌

图2-83
编 号：2-00-19
长630mm、宽630mm、高280mm

⊙该木桌为框架结构，木桌在结构上做收腰处理，桌腿为外翻马蹄足，桌下为壶门结构。该桌装饰方法为彩绘、雕刻。木桌四周依据雕刻金漆彩绘，收腰处有雕刻。方桌主要材质为松木。该桌体积并不大，但做工较精致，并使用了两种装饰方法。

图2-84 雕刻金漆彩绘木桌

图2-84

⊙该桌为框架结构，装饰方法兼有彩绘、雕刻，木桌四周均雕刻并做彩绘装饰。该方桌做工较精致，使用了两种装饰方法。

注：选自书籍《蒙古族工艺美术》(阿木尔巴图)。

图2-85 三屉 红地单面描金彩绘植物纹木桌

图2-85
编　号：2-00-23
长690mm、宽245mm、高280mm

⊙桌，是蒙古族家居生活中的常用家具，用于供奉、置物等。该木桌为框架结构，桌面做双层处理，抽屉可取出，下部有牙板结构。该木桌装饰方法为彩绘。正面漆红地，金漆彩绘植物团花纹；牙板漆绿色；边框漆红色。该桌主要材质为松木，抽屉配铜质拉环。该家具使用痕迹明显，磨损较严重。

图2-86 三屉红地单面描金彩绘植物纹木桌

图2-86
编　号：2-00-24
长615mm、宽260mm、高285mm

⊙该木桌为框架结构，桌面做双层处理，抽屉可取出。该木桌装饰方法为彩绘。正面均漆红地，金漆彩绘团花纹；双边漆黄色；顶面漆蓝色。该桌主要材质为松木，抽屉配铜质拉手，为杵形。该家具使用痕迹明显，磨损较严重。

图2-87 挂牙四屉浮雕彩绘兰萨植物纹木桌

图2-87
编号：2-00-27
长1415mm、宽350mm、高360mm

⊙该木桌为框架结构，抽屉可取出，两边挂牙子，下有牙板。该木桌装饰方法为雕刻、彩绘。顶面漆红地彩绘；屉面均漆红地，金漆彩绘植物纹；边框漆墨地，金漆彩绘兰萨纹；两侧牙子有雕刻，漆墨地，金漆描饰；下部牙板有雕刻，漆墨地，金漆描饰。该桌主要材质为松木，抽屉配铜质拉手。该家具使用痕迹明显，结构紧凑。

注：图2-85、2-86、2-87在此称为"木桌"，亦可称作"木橱"。称其为桌，主要是因其结构上明确的上部有沿的面板结构，但此3款木桌的实际用途仍以橱为主。

木桌摹本

图2-88 木桌（内蒙古马文化博物馆藏品摹本）

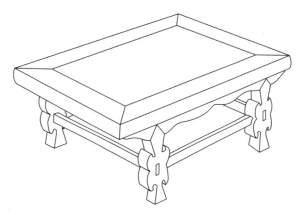

图2-89 木桌（公元10～11世纪，内蒙古兴安盟科右中旗出土文物，内蒙古博物院藏品摹本）

供桌

图2-90 红地单面彩绘瑞兽纹案桌

图2-90
编号：2-03-04
长1650mm、宽410mm、高900mm

⊙案桌，是蒙古族家具中形体较大的家具，尺度大于一般木桌，用于供奉、置物等。该案桌为框架结构。装饰方法为彩绘，3块嵌板漆金地，其上彩绘佛教故事中的瑞兽图；正面其余部分均漆红地。该家具使用痕迹明显，部分木结构缺失，结构较松散。入馆前曾做修复及保护处理。

图2-91 红地单面浮雕金漆彩绘双龙戏珠纹条案

图2-91
编号：2-03-05
长820mm、宽335mm、高650mm

⊙此类条案是用于供奉的重要家具。该条案为框架结构，分上下两部分，上部可做供台，下部为木架。装饰方法为浮雕、彩绘。正面漆红地，在浮雕上金漆彩绘双龙戏珠图；正面其余部分漆红地。该家具结构紧凑，彩绘精致完整，入馆前曾做修复及保护处理。

图2-92 朱地浮雕彩绘双狮纹案桌

图2-92
编号：2-03-07
长965mm、宽520mm、高620mm

⊙该案桌为框架结构。装饰方法为浮雕、彩绘。正面浮雕彩绘双狮图案，桌腿漆红地，彩绘宝珠（摩尼珠）；侧面漆红地，金漆彩绘植物团花纹。该家具做工精致，结构紧凑，入馆前曾做修复及保护处理，是乌海蒙古族家居博物馆的精品之一。

a-正视图

图2-93 红地单面金漆彩绘描金璎珞纹木桌

图2-93
编号：2-03-06
长765mm、宽310mm、高455mm

⊙该木桌为框架结构，分上下两部分，上部可做供台，下部为木架。装饰方法为彩绘，正面漆红地，金漆、彩绘璎珞纹及植物组合纹。此木桌彩绘精美。该家具结构紧凑，彩绘精致完整，是乌海蒙古族家居博物馆的精品之一。

b-结构拆解图

图2-93 红地单面金漆彩绘描金璎珞纹木桌

图2-94
编　号：3-04-01
长1240mm、宽445mm、高1000mm

⊙供桌，是用于供奉的桌案形家具。该供桌
为框架结构，两侧案头上翘，三弯腿结构，
外翻马蹄足。装饰方法为屉面漆金地，彩绘
植物纹；案头沥粉、描金、彩绘动物纹；其
余各面均漆金地，彩绘植物纹。该供桌彩绘
内容丰富，描饰工艺细腻，整件家具充满着
贵族气息。该家具结构紧凑，入馆前经过轻
度修复处理，是乌海蒙古族家居博物馆的精
品之一。

图2-94 金地沥粉描金彩绘花卉纹供桌

经 桌

a-正视图

b-透视图

图2-95 单屉单面红地彩绘卷草纹木桌（结构图）

图2-95
编　号：2-03-02
长725mm、宽160mm、高210mm

⊙该木桌为框架结构，桌面可置物，抽屉可取出。装饰方法为雕刻、彩绘。通体均漆红色，正面雕刻、彩绘卷草纹。该桌主要材质为松木，抽屉上皮绳作为拉手。该家具使用痕迹明显，磨损较严重。喇嘛常将此形态木桌用做诵经桌，便于携带和随时摆放。

　　蒙古族传统家具中用于宗教用途的案形制较大，案面一般为矩形。案的主要功能用于供奉，鉴于蒙古包内的空间限制，在寺庙、王府等固定居所内才会有尺度较大的案型家具。彩绘、描金、雕刻、沥粉是案型家具常用的装饰方法（见图2-94）。

　　按照传统家具形态的界定，案和桌有明确区别。在体量上，案型家具一般较桌型家具大，但在很多关于蒙古族传统家具的资料记载和文字描述中，没有非常明确地界定案和桌，常将兼具案、桌特征的，形态较大的家具称作"案桌"。

第四节　床榻类

　　床榻类家具是蒙古族传统生活中休息就寝时使用的家具。"床"和"榻"在中原传统家具中有明确区别，在蒙古族传统家具中也有不同的结构特征。

　　蒙古包内的床也称作"包床"，床体左右通常配有侧边箱，前部床沿和侧边箱是平齐的。包床的后沿是带有弧度的，这是为了摆放时与弧形的围壁（蒙语称为"哈那"）贴合靠紧，在包床后侧一般由几块木板连接形成围板，起到围合遮挡的作用（见图2－96）。

　　床榻的结构一般由4部分构成，依次为床（榻）板、两个床（榻）侧边箱、床（榻）后的可折叠围板（见图2－96），通过组合可以实现床榻的使用功能，通过拆装、折叠更便于搬移和运输。整套床榻结构中贯穿了组合、拆装和折叠的思想。

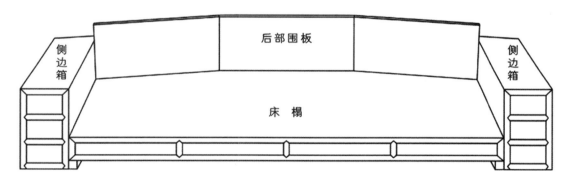

图2－96　三围屏双边柜彩绘组合榻（庞大伟先生藏品摹本）

第五节　椅凳类

　　蒙古族传统的起居方式为席地而坐，椅凳在蒙古族传统的日常生活中较少用到，只有王爷和贵族府邸等固定居所才有精美坐具。最著名的蒙古族特色的座椅是现存于内蒙古博物院的"扎萨克王爷鹿角宝座"（见图2－97），这件精美的坐具是研究蒙古族传统椅凳文化的经典案例。乌海蒙古族家居博物馆的"镂空浮雕花鸟纹长椅（见图2－98）"为该类研究提供了重要的实物样本。

图2-97 雕龙鹿角扶手扎萨克宝座图片（乌海蒙古族家居博物馆馆藏图片）

椅 凳

图2-98 榆木镂空浮雕花鸟纹长椅

图2-98
编 号：3-05-02
长2930mm、宽440mm、高945mm

⊙该长椅为榫卯结构。椅面、靠背、腿部均雕刻有云纹及植物纹，清漆罩
面。长椅主要材质为榆木，做工精细、结构紧凑。使用磨损痕迹明显。
入馆前经过轻度修复和保护处理，是乌海蒙古族家居博物馆精品之一。

第六节　架具类

　　架具类家具主要指具有摆放及陈列神像、器皿、用具、艺术品等功能的架状家具，通常摆放在蒙古包正中央靠西的神圣区位及紧靠左面哈那墙的位置。其功能是便于整齐排放神像、祭祀用具、经文及餐具、器皿和日用器具，一些器皿架底部有悬空木架，用于安放圆底锅类器皿。架具类家具造型简洁实用，便于折叠及组合，其特征是灵巧轻便、高挺细长。

　　宫廷、召庙内使用的架具类家具的尺寸非常适合人站立、朝拜等行为方式（见图2－99、图2－100）。蒙古包内摆放的架具高度受制于空间，略显低矮（见图2－101、图2－102），其使用功能只作为支架（见图2－103），个别架具更有其专用的功能（见图2－104）。

图2-99 挂牙彩绘雕刻植物纹碗架1

图2-100 挂牙彩绘雕刻植物纹碗架2

架 桌

图2-101
编号：2-00-20
长625mm、宽325mm、高300mm

⊙该家具称作架桌，也作摆放箱子的支架使用。该木架桌为框架结构。装饰方法为雕刻，连续璎珞纹为一木雕成，漆单一朱地。木桌主要材质为柏木，体量较轻。使用痕迹明显，保存较完整，未做修复。

图2-101 朱地单面浮雕璎珞纹木架桌

图2-102
编 号：2-00-25
长615mm、宽260mm、高285mm

⊙该家具称作架桌，作摆放箱子的支架使用。该架桌为框架结构，架桌面未完全封闭，抽屉可取出。装饰方法为镶嵌、雕刻，未做漆饰。屉面嵌菱形木片，上有泡钉；左右嵌板处做法与屉面相同；腿部有少许雕刻。该桌主要材质为松木，原配有拉手。该家具使用痕迹明显，磨损较严重。

图2-102 单屉单面浮雕菱形纹木架桌

图2-103 木架桌和木箱的组合放置图（以上均为乌海蒙古族家居博物馆藏品）

a-开启效果图   b-折叠效果图

图2-104 折叠碗架（《细说蒙古包》郭雨桥）

第七节　餐具类

餐饮类家具是直接放置、储藏食物的用具和辅助完成烹饪的用具，是蒙古族传统家具的类别之一，该类家具也有金属制作的，在这里我们主要探讨由木材制成的餐饮用具。

该类用具中有食盒（见图2-105）、食盘（见图2-106、图2-107）等多种形式。该类用具形态较小，上面有精美的彩绘装饰。

具有蒙古族传统风格的木制餐具，且在蒙古族传统宗教仪式上作为供奉使用的，一般是指各种规格不同的食盘。这些器物上有精美的彩绘和雕刻，在祭祀时或宗教仪式上用于盛放牛羊肉和各种美食。

图2-105　红地五面彩绘提梁食盒（刘玉功先生藏品）

图2-106　红地彩绘凤戏牡丹纹食盘

图2-107　彩绘花卉纹食盘

第八节 供器类

供器类家具主要有佛龛、供桌、供台、功德箱等，这些家具基本为木制品，兼具实用功能和装饰功能。蒙古族信奉藏传佛教和喇嘛教，供奉是生活中不可缺少的内容，佛龛是专门用于供奉佛主造像的用具。供桌和供台并不是单一功能，形制决定了其具有多功能性，既做供奉用，也可以在日常生活中使用，其功能很大程度上取决于彩绘和雕刻内容。

图2-108 单面金漆彩绘佛龛　　　　　　　图2-109 单面金漆彩绘佛龛

哈拉哈木佛龛（本部分文字和图片来自阿木尔巴图先生的《蒙古族工艺美术》）

从清代起，哈拉哈佛龛成为民间普遍使用的供器类用具。佛龛为木制，中间留有放置佛珠的空间。佛龛通体雕刻，雕工精致细腻、层次分明，纹饰以卷草纹和宗教题材为主，线条婉转流畅。佛龛整体蕴含着艺术感，透露着宗教气息。

图2-110 哈拉哈木佛龛 1　　　　　　　图2-111 哈拉哈木佛龛 2

图2-112 哈拉哈木佛龛 3

图2-113 哈拉哈木佛龛 4

图2-114 哈拉哈木佛龛 5

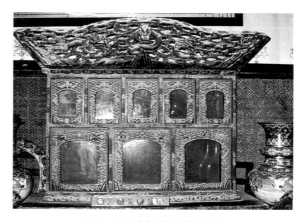

图2-115 哈拉哈木佛龛 6

图2-116 哈拉哈木佛龛 7

图2-117 哈拉哈木佛龛 8

图2-118 哈拉哈木佛龛 9

图2-119 哈拉哈木佛龛 10

图2-120 哈拉哈木佛龛 11

图2-121 哈拉哈木佛龛 12

图2-122 哈拉哈木佛龛 13

图2-123 哈拉哈木佛龛 14

供台

图2-124 红地单面金漆彩绘吉祥纹供台

图2-124
编　号：2-03-01
长770mm、宽285mm、高185mm

⊙供台，蒙古族家具类型之一，功能为放置供奉用品。该供台为榫卯结构，台面有外沿。装饰方法为彩绘，供台各面均漆红地，正面金漆绘制植物组合纹。该供台材质为松木，有使用磨损痕迹，结构较紧凑，入馆前曾做修复和保护处理。

图2-125 红地单面浮雕彩绘吉祥纹供台

图2-125
编　号：2-03-03
长805mm、宽385mm、高165mm

⊙该供台为榫卯结构，台面有外沿。装饰方法为浮雕、彩绘。供台漆红地，正面浮雕、金漆彩绘八宝纹。该供台材质为松木，有使用磨损痕迹，结构较紧凑，入馆前曾做修复和保护处理。

　　依据用途，可将蒙古族家具分为"生活用家具"和"宗教用家具"两大类型。再依据功能、用途、使用频率和可考的实物样本的数量进行详细分类。具体的统计已列表格，见表2-1。

表2-1 蒙古族传统家具种类

文化特征	功能	用途	使用频率	可采集的实物样本数量
生活用家具	橱柜类	储藏	高	多
	箱匣类	储藏	高	多
	桌案类	置物	较高	多
	床榻类	坐卧	较高	少
	椅凳类	坐卧	一般	少
	架具类	置物	较少	少
	餐具类	置物	较高	少
宗教用家具	橱柜类	储藏、供奉	较高	多
	箱匣类	储藏	高	多
	桌案类	供奉、置物	较高	多
	供器类	供奉、置物	高	少

上表中各项说明：

　　按功能分为：橱柜类、箱匣类、桌案类、床榻类、椅凳类、架具类、餐具类、供器类；

　　按用途分为：储藏、置物、坐卧、供奉；

　　按使用频率分为：高、较高、一般、较少、少；

　　按可采集的实物样本的数量分为：多、少。

　　无论寺庙用家具、王府衙门用家具，还是普通牧民用家具，都包括在此表格所列的范围内。此表也可为蒙古族家具调研提供一定的分类依据。

第三章
蒙古族家具的结构

第一节　固定结构

　　"固定结构"是蒙古族家具的主要结构特征之一，通过对大量实物样本的测量和结构绘制，从"外部结构"和"内部结构"两方面对蒙古族家具的固定结构进行了深入分析。

一　外部结构

1　外侧轮廓的齐边

　　家具左右侧齐边是蒙古族家具的固定结构中一项显著的外廓结构特征，这种两侧齐边的结构是指上部面板长度与家具下部长度相等，这一特征主要集中体现于经桌类和橱柜类家具上（见图3-1、图3-2）。通过对蒙古族家居博物馆藏品的整理，对以往蒙古族家具研究资料的认真研读，总结出这一外部结构特征，这一特征在内蒙古地区蒙古族家具样本中都有体现。

　　该项家具结构特征的成因有3方面：①外侧齐边结构有利于家具在低矮的

图3-1　经桌外侧的齐边结构

图3-2 橱柜外侧的齐边结构

蒙古包内靠紧摆放（见图3-3），这样可在有限的蒙古包空间内规划较多的生活用具。②外侧齐边结构可以避免家具靠紧摆放时边缘的磨损。③外侧齐边结构利于迁徙搬运时整齐码放和最大化利用勒勒车空间，避免运输过程中家具的互相磕碰。

2 橱柜和木箱类家具尺度的近似

蒙古族在生活中使用较多的家具类型是橱柜和木箱，在乌海蒙古族家居博物馆的调研中，对全部家具样本进行了实测，发现这两大类家具的尺寸存在固定范围区间的现象，分别接近该类家具的一个中间值。为了解这种尺度的形成原因，从蒙古族传统生活方式进行了剖析。

图3-3 传统蒙古包内部

（1）橱柜

橱柜是在蒙古族日常生活中使用较多的家具，多用于盛放餐饮用具、食物、杂物等。在调研中发现橱柜内大多有油渍的痕迹，由于橱柜是日常生活中使用频繁的家具，木门轴部分有的已经磨损断裂，橱柜的材质以松木为主要用材。调研中通过对多件橱柜的实测，发现该类家具按结构的不同，尺寸也有差异，但同一结构的橱柜尺度却非常的接近（见表3-1）。

表3-1　蒙古族家具橱柜尺寸统计表

橱柜（结构特征说明）	样例	长	宽	高
双屉双门型橱柜（抽屉在上、开门在下）		690±30mm	390±20mm	800±20mm
双屉双门型橱柜（门两侧有嵌板）		700±30mm	390±20mm	660±30mm
双门橱柜（对开门）		600±30mm	360±20mm	630±20mm
双门橱柜（门下侧有嵌板）		870±20mm	500±20mm	960±20mm
双门橱柜（上下开启门）		690±20mm	400±30mm	740±20mm

　　橱柜类固定尺寸区间这一特征的形成有两方面原因：①日常使用习惯的影响。在低矮的蒙古包内的日常生活中，频繁地从橱柜中拿取食物（或物品）要求橱柜要有相对合理的尺度来适应弯腰操作的人体工程学尺度，这种长期的操作习惯促使橱柜形成了以长700mm、宽370mm、高680mm为中间值尺度的制作习惯。②运输工具的尺度要求。在游牧迁徙时使用的运输工具中有专门运输家庭用具的勒勒车（也称作木轮车，见图3-4），较为统一的尺寸可以使橱柜在勒勒车上整齐码放。调研中还发现了橱柜和勒勒车的盛放空间的尺度关系——在勒勒车上中间部分可盛放2个橱柜（见图3-5）。

图3-4 专门运输家庭用具的勒勒车（乌海蒙古族家居博物馆藏品）

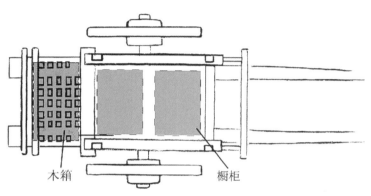

木箱　　　　　　　　　　　　　　橱柜

图3-5 橱柜在勒勒车上摆放的示意图

（2）木箱

　　蒙古族传统生活中另一类常用的家具是箱类，用于放置衣物、行李及其他生活用品。木箱在很多关于蒙古族家具的调研报告及文章中多称为"板箱"，板箱一词多用于称呼内蒙古、山西地区传统的箱类家具，在此书中将这一称呼改为"木箱"。蒙古族传统家具中有很多尺寸较小的箱体，也有很多箱体在外侧包以金属饰物和皮革饰物（见图3-6、图3-7），而不做过多金属和皮革修饰的木制箱体居多（见图3-8）。

图3-6 有包覆和金属装饰的小型木箱

图3-7 有包覆和金属装饰的大型木箱

图3-8 未做包覆和金属装饰的的大型木箱

调研中通过对近50件木箱的实测，总结出了较大型木箱的尺寸区间：长700±50mm、宽370±30mm、高600±30mm。

这类木箱之所以形成如此接近的尺寸区间并非偶然，而是受生产生活的多方面因素影响，深入分析后得出两方面的成因：①生活习惯的影响。木箱在蒙古族家庭日常生活中要成对制作，在婚嫁时为新人准备成对的婚箱更有吉祥的寓意。木箱在蒙古包内一般成对叠压摆放、成对靠紧摆放，或对称摆放于包内两侧。这样的制作要求和使用习惯使得木箱必须每对尺寸相同，由于蒙古包的尺度相对接近，这样多数木箱的尺寸也较接近。②运输工具的尺度要求。a.迁徙中运输工具的要求。相对一致的尺度有利于在游牧迁徙时将木箱整齐码放在勒勒车上，并最大化利用车内空间（见图3-9）。b.商业贸易中运输工具的要求。在传统驼队运输方式中，木箱是收纳货物的主要用具。在运输过程中木箱要分别挂在驼背的两侧（见图3-10），相对合理的尺度匹配会避免在长途运输过程木箱对驼背的摩擦损伤（木箱高600mm左右，驼架子高750mm左右，见图3-11）。

图3-9 木箱在勒勒车上摆放的示意图（靠后处叠压放置为木箱）

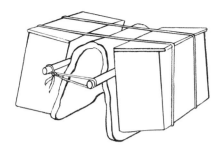

图3-10 蒙古族驼队（《阿拉善蒙古族民俗风情荟萃》）　　　　　图3-11　驼架子

3 家具侧面的提拉结构

家具侧面的提拉结构是蒙古族家具的特殊结构特征，该种结构多见于木箱和橱柜类家具。提拉结构需要在家具左右两侧的木板上开孔，分别有错位开孔（见图3-12、图3-13）、垂直开孔（见图3-14）、平行开孔（见图3-15、图3-16）3种开孔形式，在孔洞中穿皮绳、麻绳、布绳或安装金属拉手。

图3-12 木箱侧面板错位开孔　　图3-13 木箱侧面板错位开孔　　图3-14 木箱侧面板垂直开孔
　　　安装提绳(提绳为皮质)　　　　　安装提绳(提绳为麻质)　　　　安装提绳(提绳为皮质)

箱体侧面提拉结构为游牧迁徙时家具的搬运提供了便捷，也为避免晃动而进行捆扎提供了便利。

箱体正面的金属制穿孔结构（或提拉结构）具有更明确的用途（见图3-17）。驼队是早年蒙古高原传统的运输方式之一，通过金属孔（或提拉结构）结绳捆扎可以使驼背两侧的木箱在长途运输过程中保持平衡放置。

图3-15 木箱侧面板平行开孔　　　图3-16 木箱侧面板平行安装
　　　安装提绳(提绳为布质)　　　　　　提手(提手为金属)

图3-17 铁饰团寿纹戏装箱（正面有金属制的提手）

4 小型木盒包角包边

蒙古族家具中有很多尺寸较小的盒子，用于盛放首饰等珍贵物件。这类盒子一般为木制，形态为方形（见图3-18）或梯形（见图3-19），外侧有精美的绘画，通常四角和周围包覆着金属（铜制或铁制）卡子，这样的卡子结构称作"包边"或"包角"，包边和包角结构既可以起到保护木盒的作用，又有很好的装饰效果。

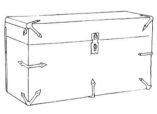

图3-18 翻盖铁包角包边四面彩绘动物植物纹木盒（效果图及线稿）

图3-19 翻盖铁包角包边四面彩绘花鸟纹木盒

二 内部结构

1 隔板结构

蒙古族家具的内部有各种分隔空间的木结构，隔板结构是其中的一种。隔板结构是为了更好地分隔家具内部的盛放空间，根据家具用途的不同，隔板结构也不尽相同。有完全封闭在家具内部的隔板结构（见图3-20），也有外部可见的隔板结构（见图3-21）。

图3-20 内部具有封闭隔板结构的木橱

图3-21 外部可见隔板结构的木橱

2 暗门结构

暗门结构在蒙古族家具中实物样本较少，这种结构的功能可能是为了隐藏放置物品，避免他人拿取。

乌海蒙古族家居博物馆藏品中的"五门朱地单面浮雕彩绘松竹梅兰图木橱（见图3-22）"是该种结构的珍贵实物样本。暗门结构处于该家具正面左右侧下方，开启方式为先从左右抽开侧上方插板，再伸手从内部开启暗门（见图3-23）。

图3-22 五门朱地单面浮雕彩绘松竹梅兰图木橱

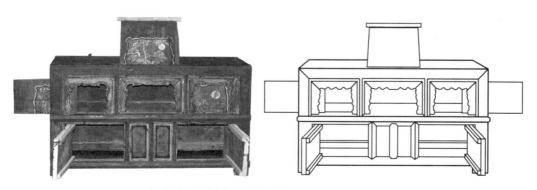

图3-23 五门朱地单面浮雕彩绘松竹梅兰图木橱（暗门开启图）

3 暗仓结构

暗仓结构在蒙古族家具中是较多见的内部结构之一，此结构多出现在橱类家具中。只观察家具外形，通常难以判断其内部是否有暗仓结构，这种结构在不同的家具上有不同的体现。

（1）具有暗仓结构的橱柜

正面为嵌板结构，无屉无门，从正面不能开启，开启方式为上部翻盖（见图3-24）。该家具外观为橱柜，实则为箱（注：橱型和柜型家具为前开门，箱型家具为上开门）。

a-正视图　　　　　　　　　　b-开启效果图　　　　　　　c-暗仓展示图

图3-24 彩绘白头富贵纹橱柜

（2）具有四屉外形特征的三屉木橱

该家具外部特征和装饰均为四屉结构，实为三屉结构（见图3-25），上方两个抽屉可独立开启，下部为一个抽屉。另一件实物样本"三屉红地单面彩绘植物纹木橱"的下部是一个封闭空间的固定挡板，当完全取出中间抽屉后才可拿取下部暗仓中物品（见图3-26）。

图3-25 四屉外形特征的三屉木橱　　　**图3-26 三屉红地单面彩绘植物纹木橱**

（3）具有四屉外形特征的双屉木橱

该家具外部特征为四屉结构（见图3-27），实为两屉结构，上方两个抽屉可独立开启，下部无抽屉，为封闭空间，当上方抽屉完全抽出后才可拿取下部暗仓内物品（见图3-28）。

图3-27 双屉红底单面彩绘植物组合纹木橱

a-开启效果图

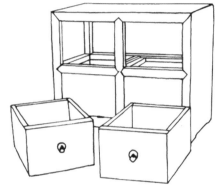

b-结构效果图

图3-28 双屉红地单面彩绘植物组合纹木橱

（4）具有暗仓空间的木箱

此家具是蒙古包内床榻侧边放置的木箱，具有今天床头柜的功能。该家具的暗仓空间处于木箱后半部，从木箱上靠后处可以开启（见图3-29）。

（5）具有暗仓空间的木橱

该样本外观为木橱，并不能察觉出暗仓结构，当上部插板抽开后，内部

图3-29 侧边箱（暗仓及抽屉开启图）

图3-30 具有暗仓空间的木橱
（庞大伟先生藏品摹本）

出现可翻折的、封闭下部暗仓空间的对开横隔板，打开该横隔板可见内部暗仓空间（见图3-30）。

4 暗格结构

蒙古族家具的暗格结构多见于抽屉和盒子中，甚至是一种可以按使用者的要求分隔内部空间的结构。暗格结构通常隐藏在家具内部，甚至当完全开启时才可见到。分隔内部空间的隔板可以是固定的，也可以是活动的，活动的隔板更利于使用者自主的分隔空间。

暗格结构的形成源于蒙古族传统生活，是为了在有限的家具空间中实现更多的置物需求和物品的分类放置。

（1）前后分隔结构

①具有活动插板结构的木盒。

通过隔板的活动可以实现1/4或1/2分隔屉内空间（见图3-31）。

②具有固定插板结构的木盒。

隔板以前、后各1/2分隔盒内空间（见图3-32）。

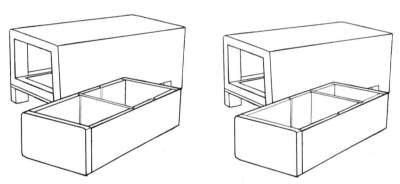

图3-31 单屉木盒（屉内活动隔板分隔空间示意图，庞大伟先生藏品摹本）

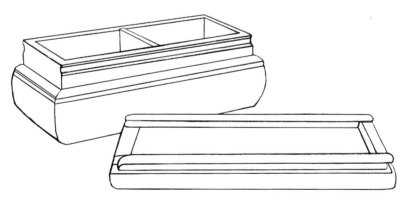

图3-32 固定插板结构的木盒（庞大伟先生藏品摹本）

（2）左右分隔结构

蒙古族家具中的暗格结构，有可左右分隔空间的功能样本。图例中木桌的抽屉内有固定插板结构，隔板左右分隔屉内空间（见图3-33）。

图3-33 单屉木桌（抽屉内部空间结构图，庞大伟先生藏品摹本）

5 暗屉结构

具有暗屉结构的蒙古族家具实物样本较少。图例中（见图3-34）抽屉处于木橱内部，当木橱门处于闭合状态时抽屉完全封闭在家具内部，当木橱完全开启后抽屉才可抽出。

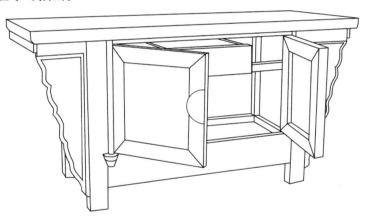

图3-34 挂牙对开门朱地浮雕植物纹木橱（柜门开启图，庞大伟先生藏品摹本）

第二节 活动结构

活动结构的形成源于蒙古族传统的生活方式，基于游牧的生活特性，需要将家具及日常用品通过折叠缩小其体积，以便于迁徙携带和在有限的蒙古包空间内摆放。多样化的活动结构可归纳为两大类："折叠结构"和"开启结构"。

一 折叠结构

1 折叠坐具

在物质生活条件极大丰富的今天，生活中仍然使用的一件家具可能已经被人们忽略了其对生活的重要性，这件家具甚至曾经影响了中原传统的起居方式，使中国人由"席地而坐"改为"垂足而坐"，这件极具历史价值的家具就是——"马扎"。

今天，马扎的材质多种多样，但马扎的"交叉"结构却是千百年来一直未变的。马扎源自北方游牧民族的"胡床"，东汉始传入中原，根据《后汉书·五行志》记载："东汉末年，可折叠的胡床传入中原，流行于宫廷和贵族间，用于战争和行猎。"对于东汉时期北方游牧民族的组成我们没有必要在本文中探讨其渊源，但从史料记载中可以看到游牧民族的智慧对中原生活方式的影响。

北齐的《校书图》中记载的马扎，是我们所见的最早的胡床形象（见图3-35）。画中儒士正端坐在胡床上校书，胡床由八根木棍组成，坐面为棕绳联结，可以折叠，取放方便。汉以后，有许多关于胡床用于野外郊游、野外作战携用的记载。关于双人胡床的记载最早见于敦煌257窟北魏壁画。图中二人并排坐在双人胡床上，其坐面长度有如长凳，只是它的腿是折叠式，与单人胡床的结构相同，这种双人胡床后世较少见（见图3-36）。

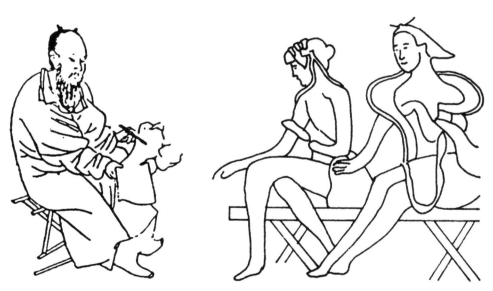

图3-35 单人胡床（北齐《校书图》）　　图3-36 双人胡床（敦煌257窟北魏壁画）

游牧民族的折叠坐具马扎传入中原后，在后代文人的推崇下得到了发展和升华，在马扎上加上扶手和靠背，又经过了无数工匠的美化，发展成为后世的经典坐具——交椅。由马扎演变出的交椅在中国家具的发展历程中占据了相当重要的地位，具有非同寻常的历史意义。或许创造马扎的先人不会想到，小小的马扎竟然会在传入中原后演变为一件象征如此至高地位的坐具，这件有折叠功能的交椅甚至创造了中华古典家具拍卖史上的最高价格，这个辉煌的记录在中国家具拍卖史上至今未被打破（见图3-37）。

图3-37 明黄花梨圆后背透雕交椅（《中国古典家具收藏与鉴赏全书》刘景峰）

关于交椅和蒙古族的关系，我们可以在历史考古遗迹中得到答案。内蒙古锡林郭勒盟正蓝旗羊群庙2号祭祀遗址石雕是一位元朝官员端坐在交椅上的景象，这件石雕遗迹很好的印证了历史上蒙古族执掌政权时期交椅的地位之高（见图3-38）。

图3-38 元代石人椅雕像（《蒙
古人写真集》额博）

图3-39 元代石人椅雕像复制品
（乌海蒙古族家居博物馆藏品）

乌海蒙古族家居博物馆中将这尊"元代石人椅"石雕像的复制品（见图3-39）置于一号展厅的一号展示通柜内，由这样的展示陈列可见交椅在当代蒙古族家具文化中所受的尊崇和这尊石人椅雕像蕴含的历史价值。

2 折叠卧具

在蒙古包内传统的生活方式中，床榻是日常起居的重要家具。床榻通常较矮，高约20cm，床榻后部一般由几块木板（一般为3块或5块）围合形成靠背的功能结构。床榻后几块围合的木板是相互连接并可以活动折叠的（见图

3-40、图3-41)。这样的连接方式可以保证围板依据床榻的后沿弧度和蒙古包围壁的弧度形成紧密的贴合。这样的功能要求围板的相互连接要有一定的调整余地，这种软连接的方式一方面确保了围板在使用时角度调整的便捷性，另一方面在搬迁时围板通过折叠易于搬运，可以节约运输空间。

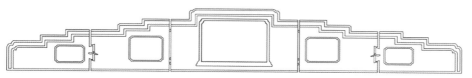

图3-40 可折叠五扇围板床屏（展开图，庞大伟先生藏品摹本）

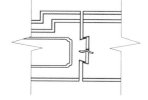

图3-41 可折叠五扇围板床屏（围板间皮革软连接细节图）

另一件折叠卧具的代表是头枕。该家具由一块整木雕成，可折叠，使用时将其打开，折叠后可另行放置（见图3-42）。

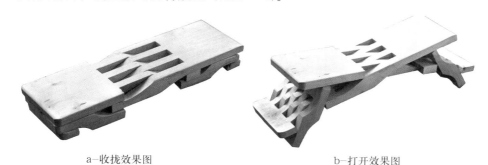

a—收拢效果图　　　　　　　　　　b—打开效果图

图3-42 折叠头枕

3 折叠生活用具

折叠结构家具出现在蒙古族传统生活的方方面面。为了方便在有限的蒙古包内存放，蒙古人设计出了可折叠的娱乐用品——棋桌，在下棋时将其展开，在平时可折叠放置（见图3-43）。

为了适应游牧，碗架也制作为活动样式，迁徙时可以折叠成块带走（见图3-44）。

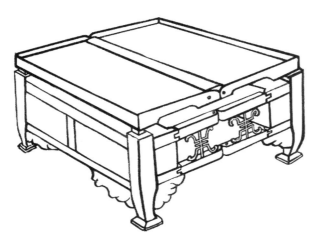

图3-43 折叠棋桌（庞大伟先生藏品摹本）

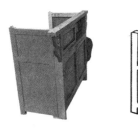   

a-开启效果图　　　　　b-开启结构图　　　　　c-折叠效果图　　　　　d-折叠结构图

图3-44 折叠橱柜（《细说蒙古包》郭雨桥）

 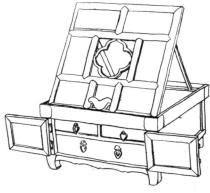

图3-45　折叠镜台及线稿（呼和浩特蒙古族风情园马文化博物馆藏品）

妇女们梳妆打扮用的镜台也同样使用了折叠结构（见图3-45）。

二　开启结构

蒙古族家具的开启结构有多种形式，依据开启方式的不同方式分为4大类——翻门、插板、滑盖、抽拉，在这4类中又依据不同的形式继续细分。

1 翻门结构

（1）上翻门结构

①顶盖整体翻起

在顶盖整体翻起的实物样本中有3种不同的形式：顶盖为独立的盖板（见图3-46）、顶盖上有部分边缘（见图3-47）、顶盖和下部的箱体各占整体的1/2（见图3-48）。其中第一种开启结构的实物样本较少见，其余两种结构的实物样本较多。

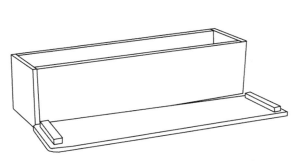 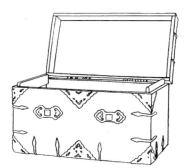

图3-46 顶盖为独立盖板的木盒（盖板开启图）　　　**图3-47 顶盖上有部分边缘的木箱**
（庞大伟先生藏品摹本）

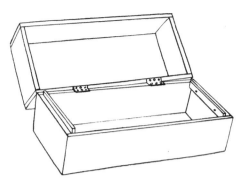 

图3-48 顶盖和下部箱体各占整体的1/2的　　图3-49 翻盖红地单面彩绘孔雀牡丹图木箱
木盒

②顶盖部分翻起

顶盖部分翻起的结构在木箱样本中出现的最多，这样的开启结构适用于较大型箱体的开启（见图3-49）。

（2）下翻门结构

下翻门结构在橱柜类蒙古族家具的实物样本中较常见。该种结构特征是在门板上方两侧各有一个突出的木榫头，在箱体框架内侧有对应的凹槽，门板的榫头与框架上凹槽一一对应，此结构能确保下翻门不易滑脱。这样的结构在开启时需要先将门从下部向外抽开，再将门板向外侧下方移动拿开（见图3-50）。书中将这样的开启结构称为"下翻门结构"。

 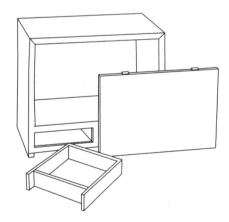

图3-50 双屉红地单面金漆彩绘团花卷草纹木橱（下翻门开启示意图）

（3）前翻门结构

前翻门结构在蒙古族家具的木箱类实物样本中出现的较多。该种结构的门板在箱体前面，门板面积占箱体前面板的一半，门板的下部和箱体由金属合页连接（见图3-51）。有的家具也可将门板直接取下（见图3-52），门板上部由金属结构和箱体顶盖的金属锁鼻结合。

a-正视图　　　　　　　　　　　b-前翻门开启图

图3-51 铁饰团寿纹戏装箱

a-正视图　　　　　　　　　　　b-前翻门开启

图3-52 翻门红地单面彩绘琴棋书画纹木箱图

木箱类家具的开启方式多为翻门结构，这种结构的形成源于传统蒙古包内家具的摆放习惯和开启习惯。在传统的蒙古包内木箱是成对摆放的，一般有两种不同的摆放方式："并排摆放"和"叠压放置"，这两种不同的摆放方式会影响到木箱的开启方式。①上翻门开启方式的木箱适合并排摆放，因为这样木箱上部有开启的空间（见图3-53）。②前翻门的木箱更适合叠压放置，这样处于下方的木箱的门板也便于开启（见图3-54）。

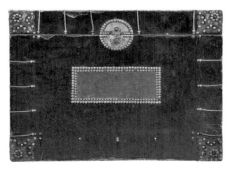

图3-53 翻盖铜饰包边包角木箱（成对并排摆放）

图3-54 彩绘琴棋书画纹木箱（成对叠压摆放）

2 插板结构

插板结构在蒙古族家具中通常出现在小型木盒或木匣上，插板上有彩绘或雕刻做装饰。插板结构的又分为上开启、下开启、左侧开启、右侧开启、左右侧开启这5种开启方式。

（1）插板上开启结构

上开启结构的插板位于家具的前面，开启时候从上部提拉插板进行开启。这样的结构通常出现在木橱类蒙古族家具中（见图3-55）。

（2）插板侧开启结构

插板从侧面开启的结构大多出现在蒙古族家具的小型木盒实物样本中。这样的小盒常用作保存珍贵的经卷和佛教用品（见图3-56、图3-57），在盒盖和盒体上有彩绘和雕刻做装饰。在蒙古族家具中，插板可左右侧同时开启的案例较少，乌海蒙古族家居博物馆的一件藏品是该结构的珍贵实物样本（见图3-58）。

图3-55 具有插板结构的木橱（插板向上开启图）

①插板左侧开启结构

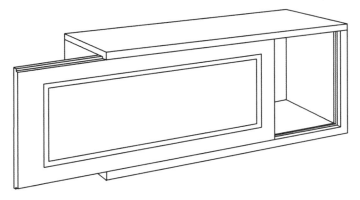

图3-56 侧滑盖木盒（插板左侧开启示意图）

②插板右侧开启结构

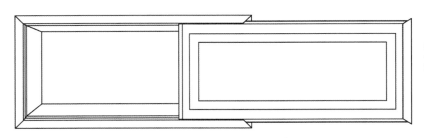

注：图3-56、3-57的木盒正面均有彩绘装饰，此线稿图中未做详细绘制。

图3-57 侧滑盖木盒（插板右侧开启示意图）

③插板左右侧开启结构

a-正视图   b-插板开启图

图3-58 五门朱地单面浮雕彩绘松竹梅兰图木橱

3 滑盖结构

滑盖结构是蒙古族家具中小型木盒上应用较多的一种结构。滑盖位于木盒的上部，从一侧可以完全抽出取下，分为"外扣"和"内嵌"两种结构形式（见图3-59、图3-60）。依据盒体装饰内容的不同，其功能也有区别，有艳丽彩绘或精美雕刻的木盒多用于收纳与宗教有关的物品，无装饰的木盒多用于收纳生活杂物。

（1）外扣滑盖结构

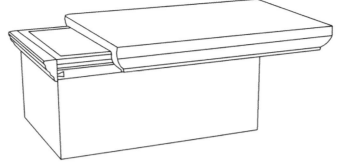

图3-59 滑盖外扣结构的木盒（滑盖结构开启图）

（2）内嵌滑盖结构

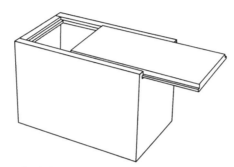

图3-60 滑盖内嵌结构的木盒（滑盖结构开启图）

4 抽拉结构

抽拉结构是家具中使用较多的结构，在书中特指蒙古族家具上各种尺寸不同的"抽屉"。蒙古族家具的传统抽屉制作工艺为榫卯结构，滑道均为木制，不使用任何金属部件。这种结构在橱柜、桌案、经桌、床榻等类别的蒙古族家具中都较常用。

抽屉的尺寸和数量在蒙古族家具上有特殊的体现——小型家具上抽屉尺寸较小、数量较密集（见图3-61、图3-62）；大型家具上抽屉尺寸较大、数量较少（见图3-63、图3-64）。

图3-61 六屉木箱

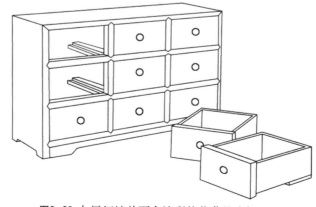

图3-62 九屉红地单面金漆彩绘花草纹木橱

图3-63 双屉双门朱地单面彩绘
　　　父子寻食纹橱柜

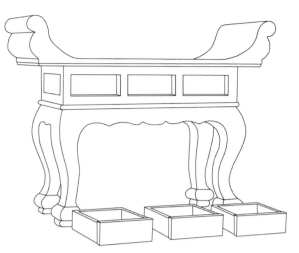

图3-64 三屉沥粉金漆彩绘花卉纹供桌线稿

094

　　本章中将蒙古族家具的结构分为"固定结构"和"活动结构"，对其进行了详细地分类探讨。未曾涉及到的蒙古族家具，可能蕴藏着更多的结构特征，在后续的研究中将继续深入挖掘。

第四章
蒙古族家具的接合方式

在蒙古族传统家具制作中木材用于制作家具的主体部分，皮革和金属则用于连接、加固、装饰和修复，是除木材以外家具制作的重要辅助材料。由木材、皮革和金属制作的连接结构在蒙古族传统家具中具有多样化的特征，既有传统中原家具的榫卯连接方式，也有草原地域特征皮革连接方式，其他金属连接方式和各种组合的连接方式也出现在不同的家具样本上。

第一节 榫卯连接

榫卯连接是中原传统家具的制作方法，靠工匠手工在木材上打造榫卯，讲究无钉少胶，在北方草原上，蒙古族传统家具主要采用此种家具连接方法。

一 榫卯固定连接

榫卯结构制作的家具在接合部分一般为固定结构，不能活动。这种榫卯固定的连接结构大量应用在各类蒙古族传统家具上（见图4-1、图4-2）。

图4-1 木箱的侧面固定榫卯连接结构图

图4-2 案桌的固定榫卯连接结构图

1 榫卯接合的形式

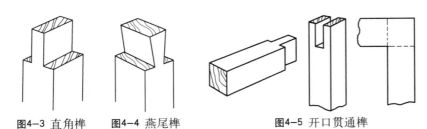

图4-3 直角榫　　**图4-4 燕尾榫**　　　　**图4-5 开口贯通榫**

开口贯通榫适用于覆面板内部旁板、门板以及屉面板等内部框架连接。

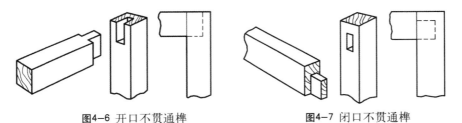

图4-6 开口不贯通榫　　　　　　**图4-7 闭口不贯通榫**

开口不贯通榫适用于有面板底盘等覆盖的框架的连接。如床头柜、小衣柜等上下横档的连接。

闭口不贯通榫适用于框架上下角的连接。如家具的旁板、门板、帽头的连接，脚架、望板的连接。

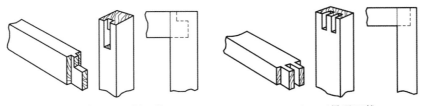

图4-8 半闭口不贯通榫　　　　**图4-9 开口不贯通双榫**

半闭口不贯通榫适用于视线不及或覆盖的框架的接合，可防止材料扭动。如大衣柜中门、帽头的接合和台脚、望板等接合。

开口不贯通双榫可防止零件扭动，适用于有面板、衣柜等覆盖的框架的连接，如小衣柜、装饰柜等上下横档的连接。

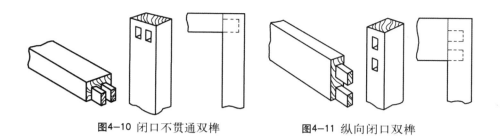

图4-10 闭口不贯通双榫　　　　图4-11 纵向闭口双榫

　　闭口不贯通双榫可防止木件扭动，适用于门、抽屉等框架的上下横档的连接。此榫卯结构在中式家具和农村家用木制品中常见。

　　纵向闭口双榫适用于视线不及或有覆盖的框架的连接，如房门、大衣柜中门帽头和台脚、望板的连接。

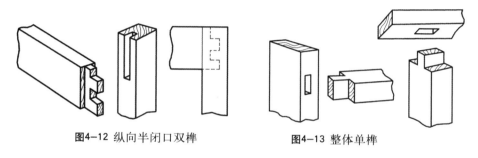

图4-12 纵向半闭口双榫　　　　图4-13 整体单榫

　　纵向半闭口双榫适用于视线不及或有覆盖的框架的连接，如大衣柜中门帽头和台脚、望板的连接。

　　整体单榫适用于各种中梃的接合，如门板、门板、旁板等立梃（竖梃）以及板框的中梃及各种拉档等的接合。

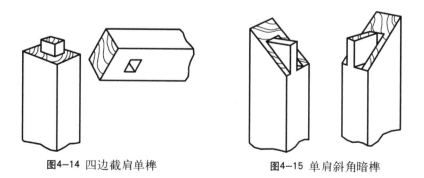

图4-14 四边截肩单榫　　　　图4-15 单肩斜角暗榫

　　四边截肩单榫适用于家具的弯形接合处，如椅子的扶手、靠背帽头等的接合。

　　斜角暗榫俗称大夹角。单肩斜角暗榫适用于断面较大（较小）的夹角榫的接合，如衣柜顶框的接合。双肩斜角暗榫，适用于断面较小的夹角的接合，仿古或民族形式家具应用较多。

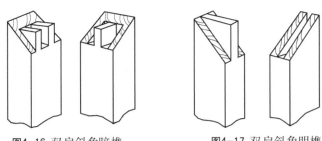

图4-16 双肩斜角暗榫   图4-17 双肩斜角明榫

双肩斜角明榫适用于大镜柜以及桌面板镶边，仿古式茶几等的内框角接合。

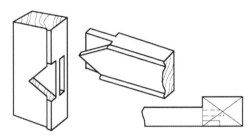

图4-18 夹角插肩榫

夹角插肩榫适用于线型处理的结构形式，制作工艺复杂，常用于柜框和拉脚档的接合，适用于柜的中栻接合。

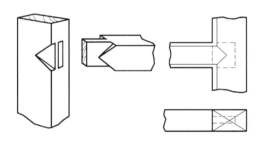

图4-19 厚薄夹角插肩榫

厚薄夹角插肩榫便于手工加工，适用柜类中栻，常用于柜框和拉脚档的接合。

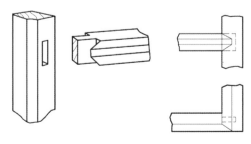

图4-20 包肩夹角榫

包肩夹角榫加工较简单，适用于柜框中栻的接合，用于低档次的木制家具，如碗橱的接合。

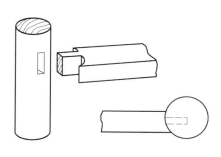

图4-21 圆柱后包肩榫图

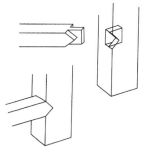

4-22 方材丁字形

圆柱后包肩榫适用于圆柱体或半圆部件。一般用于中枨或柜架的接合，如家具的面板、旁板及脚架拉挡的半圆接合。

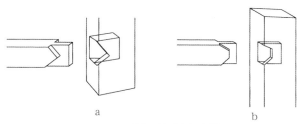

a　　　　　　　　b

图4-23 平尖肩榫

2 箱、柜角接合

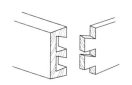

图4-24 半隐燕尾榫

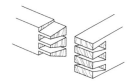

图4-25 明燕尾榫

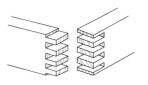

图4-26 直角多榫

半隐燕尾榫常用于抽屉前角接合。

明燕尾榫常用于抽屉的后角接合及其他箱框的接合。

直角多榫常用于抽屉后角及其他箱框四角接合。

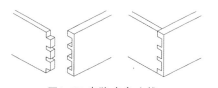

图4-27 半隐直角多榫

图4-28 闷榫

3 板面接合

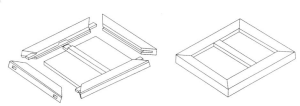

图4-29 攒边打槽装板结构

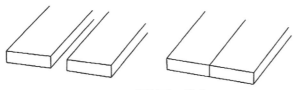

图4-30 厚板平口胶合

厚板平口胶合也称作"平拼"，相拼前需将拼截面刨平直，胶料采用骨胶。操作时，两块拼板稍向前后移动两次，使胶液均匀展开。此法加工简单，应用较广，可用于门板及面板等木板结构的拼接。

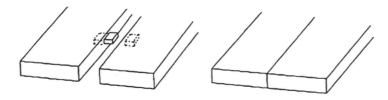

图4-31 厚板直榫拼合

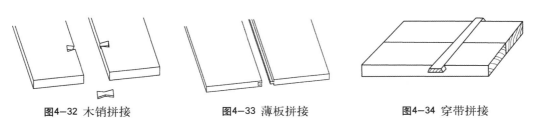

图4-32 木销拼接　　　**图4-33 薄板拼接**　　　**图4-34 穿带拼接**

穿带拼接要求板面平直，把木条刨成燕尾形断面，相拼板刨出横向燕尾槽。把燕尾形带条，贯穿于燕尾槽中。适用于台面及门板的拼接。

4　桌面与腿足接合

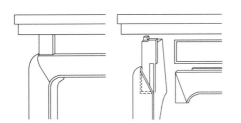　　　　　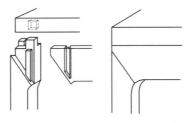

图4-35 高束腰腿足与家具面板、牙板接合　　　**图4-36 四面平家具腿足与面板接合**

二　榫卯活连接

"榫卯活连接"是蒙古族传统家具中特殊的连接方式，这种结构可将榫卯依据使用的需求接合或分开。此结构源于游牧民族的生活习惯和居住环境的特性，是蒙古族工匠智慧和高超制作技艺的体现。

榫卯活连接在床榻和橱柜等类型家具实物样本中均有体现。在"三围屏双边柜彩绘组合榻"样本中，围板由3块活动的板件组成（见图4-37），3块板件之间均由活动的燕尾榫结构连接（见图4-38），该围板位于蒙古包内床榻的后侧。在蒙古包内床榻背靠有弧度的围壁放置，榫卯活连接便于3块围板根据围壁的弧度进行角度调整。

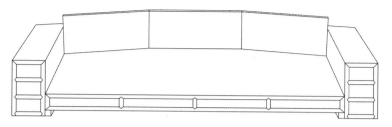

图4-37 三围屏双边柜彩绘组合榻（庞大伟先生藏品摹本）

a—正面细节图　　　　　　b—背面细节图

图4-38 围板间燕尾榫活连接细节图

橱柜类家具中常用的榫卯活连接结构出现在门与柜体的连接处。这样的连接结构有"内藏式"和"外露式"两种。具有内藏式门轴结构的家具外观平整，门轴藏于柜体中，在门轴处制作有凸出的榫头，柜体结构上制作有相应的凹槽，将门轴装到柜体的凹槽中实现柜门的转动（见图4-39）。该种内藏式榫卯活连接结构在蒙古族传统家具上应用较多。

图4-39 双屉双门朱地单面彩绘吉祥杂宝纹橱柜（细节及结构展示图）

外露式榫卯活连接结构的门轴高于柜体表面，在外观上可直接观察到凸出的门轴结构。在"双门红地单面彩绘神话故事图案衣柜"样本中，有半圆凸

图4-40 双门红地单面彩绘神话故事图案衣柜（细节及结构展示图）

起的木结构露于柜体外侧（见图4-40）。这种外露式的榫卯活连接结构在蒙古族传统家具上较少应用。

榫卯活连接结构也具有组织和分割家具内部空间的功能，在多屉橱柜内部活动的木结构就具有这样的功能。实物样本"九屉红地单面金漆彩绘花草纹木橱"中阻隔抽屉的木结构可以从家具中完全取出，这种精妙的燕尾榫结构在今天仍是精彩的木工杰作（见图4-41）。

图4-41 九屉红地单面金漆彩绘花草纹藏经柜（内部燕尾榫结构图）

第二节 皮革连接

皮革作为草原的特产，除作为蒙古族生活资料和商业贸易品外，也被应用于搭建蒙古包时捆绑围壁（蒙语称"哈那"）和家具的连接。在蒙古族传统家具制作中皮革可用于连接、加固和修复，是家具制作的重要辅助材料。

这种皮革连接结构在蒙古族传统家具中出现并一直沿用至今，和游牧民族的生活习惯有着密切关系，这种软连接结构能更好地避免游牧迁徙中的颠簸对家具结构的损坏。皮革具有柔韧的特性，不仅在家具制作中可替代木制榫卯和金属合页作为连接结构（见图4-42），也可作为家具修复的材料（见图4-43）。

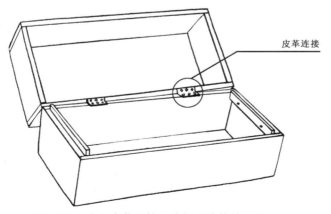

图4-42 木盒上皮革连接盒盖与盒体的结构图

图4-43 皮绳修复木橱背面结构示意图

第三节 榫卯与皮革连接

皮革和木材是两种不同的材料，在蒙古族传统家具上需要活动调整的部件会同时使用由这两种不同材料制成的连接结构。

在蒙古包内包床的围板上同时出现了榫卯和皮革连接（见图4-44），榫卯连接用于围板在展开状态下的围合定位，而皮绳连接是为了便于折叠和运输时节约空间。该案例中两种连接结构并存同时又体现折叠思想的连接方式在中原传统家具上也是罕见的，由此可见蒙古族匠人对草原生活方式的独到感悟。

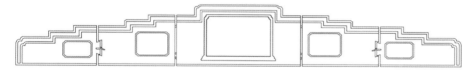

图4-44 可折叠五扇围板床屏（展开图）

第四节 金属连接

金属在传入蒙古高原后除了可以锻造锋利的兵器和坚韧的用具外，在家居生活中也被大量使用。金属连接是蒙古族家具制作中重要的连接结构，

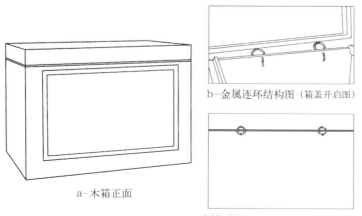

a-木箱正面

b-金属连环结构图（箱盖开启图）

c-木箱后视图（金属连环连接箱盖与箱体）

图4-45 木箱上的金属环连接结构

在橱柜和箱匣类家具中使用较多。常用的金属连接结构有两种，一种是金属环，用于箱型家具上盖和箱体的连接，这种连接结构会有更大的箱盖开启角度（见图4-45）；另一种是金属合页，主要用于盖、门和家具主体的连接（见图4-46）。

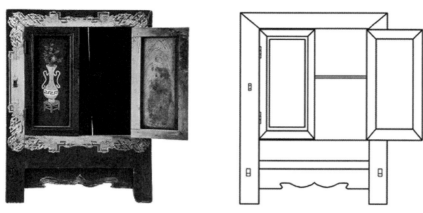

图4-46 双门朱地单面彩绘富贵平安纹橱柜（门板与框架由金属合页连接）

第五章
蒙古族家具的材质

第一节　木　材

　　蒙古族生活的区域地处黄河流域以北的广袤北方草原，东北部的大小兴安岭为蒙古族的生产生活提供了丰富的木材，松木、桦木、榆木、柳木、杨木等木材成为制作蒙古族家具的主要材料，也有少量使用珍贵木材制作的家具样本。

一　红木类

　　所谓"红木"，不是某一特定树种，而是明清以来对稀有优质硬木的统称。根据国家深色名贵硬木标准，"红木"的范围确定为5属8类33个主要品种。用材包括紫檀木、花梨木、酸枝木等，它们不同程度呈现黄红色或紫红色，并且红木是指这5属8类木料的心材，特指树木的中心、无生长细胞的部分。除此之外的木材制作的家具都不能称为红木家具。

1　紫檀木

　　紫檀，豆科乔木，是世界名贵木材之一，因其木色紫红，故称其"紫檀"。从材质方面而言，因生长缓慢，木材稀缺，常言"十檀九空"，其珍贵程度可想而知。

　　紫檀有岛屿紫檀和陆地紫檀之分。从树木属性来讲，岛屿紫檀属于常绿乔木，而陆地紫檀属于落叶乔木。岛屿紫檀一般树干直，略粗，纹顺，空洞少，枝节较少；陆地紫檀一般树干少直，多纹理扭曲，空洞多。我们所说的十檀九空大多是陆地紫檀，但是陆地紫檀心材的木质比岛屿紫檀紧密，而岛屿紫檀的优点在于木质匀称。清代时，人们称岛屿紫檀为"老紫檀"，称陆地紫檀为"新紫檀"。岛屿紫檀大多产于印度洋的各岛屿。陆地紫檀主要产于印度与周边几个国家，紫檀的成材缓慢，数百年才能成材。印度的小叶紫檀，又称鸡血紫檀，是目前所知最珍贵的木材，是紫檀木中最高级的品种。

　　关于檀木的文献记载：

　　　　《诗经·伐檀》："坎坎伐檀兮，至之河之边兮。"这是春秋时期关于檀木的最早记载。

李绅《杭州天竺灵隐寺二诗·追忆思》："近日尤闻重雕饰，世人遥礼二檀林。"

苏东坡《秧马歌》："山城欲困闻鼓声，忽作的卢越檀溪。"檀溪，位于湖北襄樊市西南。

紫檀木质重、坚硬而细腻，纹理美观，各项异性小，宜于雕刻及刮光。紫檀木可以进行串枝镂空的雕刻，有不阻刀、不崩裂的雕刻特点。即使是空洞的木材，横顺木质及断面也适宜工匠的因材施艺和胶结雕花。

紫檀木是珍贵家具木材的王牌，紫檀及其制品是历代皇家和贵族的专属，只有上层社会才可以享用。紫檀制作的具有蒙古族风格的家具极其奢华高档，在呼和浩特将军衙署和通辽奈曼王府内有该类珍贵家具样本。

2 花梨木

花梨，又名花榈，红豆属植物，常绿乔木，树皮灰绿色。花梨为森林植物，喜生于山谷阴湿之地，心材色红褐，边材色淡，微香，材性颇佳。其木纹有若鬼面者，俗称"鬼脸"。

花梨木也有老花梨与新花梨之分。老花梨又称黄花梨木，颜色由浅黄到紫赤，纹理清晰美观，有香味。新花梨的木色显赤黄，纹理色彩较老花梨稍差。在红木《国家标准》中，花梨木类归为紫檀属，许多商家将其称为"紫属花梨"即出于此。花梨木类木材又分为"越柬紫檀、安达曼紫檀、刺猬紫檀、印度紫檀、大果紫檀、囊状紫檀、鸟足紫檀"7种树种。

关于花梨木的文献记载：

《本草拾遗》："花梨出安南及海南，用作床几，似紫檀而色赤，性坚好。"

《格古要论》："花梨出南番广东，紫红色，与降真香相似，亦有香。其花有鬼面者可爱，花粗而淡者低。"

《西洋朝贡典录》："花梨木有两种，一为花榈木，乔木，产于南方各地。一为海南檀，落叶乔木，产于南海诸地，二者均可作高级家具。"

《嵌琼州府志·物产·木类》："花梨木，紫红色，与降真香相似，有微香，产黎山中。"

《博物要览》："花梨产交广溪涧，一名花榈树，叶如梨而无实，木色红紫而肌理细腻，可作器具、桌、椅、文房诸器。"

《古玩指南》："花梨为山梨木之总称，凡非皆本之梨木，其木质均极坚硬而色红，惟丝纹极粗。"

《广州志》中有这样的记载："花榈色紫红，微香，其纹有若鬼面，亦类狸斑，又名'花狸'。老者纹拳曲，嫩者纹直，其节花圆晕如钱，大小相错者佳。"

今人认为花梨木即"海南檀"，又有人另定名为"降香黄檀"。

花梨木质坚硬，花纹圆晕如钱，纹理清晰美丽，适于雕刻，可做家具及文房诸器，花梨中的"鬼脸"部分更是上等的家具用材。

中国传统家具中，花梨木制作的传世之作不甚枚举。北部高原难得此木，发现的花梨木家具多由南方带回，由其制作的蒙古族风格家具更是少见，少量精品藏于个别收藏家手中。

3　其他硬木

除紫檀、花梨之外，其他属于红木范畴的木材还有酸枝木、乌木、铁刀木、鸂鶒木（俗称鸡翅木）等，在文中不一一列举。由此类木材制作的家具统称为红木家具，在中国传统家具的制作中都有应用。在蒙古族家具中，由较高档木材制作的家具少量留存于地方衙署、官府和贵族府邸内，今天都受到了政府保护，至于在民间，这类家具鲜有见到。

二　杂木类

国家木材标准所指的红木范畴之外的木材统称为"杂木"。杂木按木质也有软硬之分，材性较硬的称为"硬杂木"，材性较软的称为"软杂木"。

杂木是阔叶木材的商品名称，但"杂"并不是说材质杂乱和不好，而是指阔叶树种类较多，资源分布较散，并且以混交林居多，单一树种资源不集中，枝丫粗大，出材率低，而统称为"杂木"。古典家具收藏者人称杂木为"白木"，清代北京人称为"柴木"，有贬义，是指这类木材只配用于劈柴烧火。

关于杂木的文献记载：

《礼记·丧服大记》："士杂木樿者，士卑，不得同君，故用杂木也。"

《宋史·李昭遘传》："幼时，杨亿尝过其家，出拜，亿命为赋，既成，亿曰：'桂林之下无杂木，非虚言也。'"

杂木中材质硬重者，称为"硬杂"，这是阔叶木材的商品名称。硬杂木的材质虽不如红木珍贵，却也是工艺性能优良的家具用材，其中有不少名贵木材，如榆木、榉木、核桃木、枣木、柏木、柚木、楸木、樟木、格木、白蜡木等。硬杂木材质较重，该类木材的密度和硬度都较高，可用于制作家具，在蒙古族家具制作中常用到。

杂木中材质轻软者，称为"软杂"，这是木材的商品名称。软杂木有楠木、樟子松、杨木、柳木、椴木、杉木、泡桐木、色木等，楠木就是软木中的名贵木种。软木特点是材质较轻，抗弯性较强，耐腐蚀性能较好，但是多数木材的花纹和材色不理想，有的树种体积质量较轻，因此承受荷载能力较差。软杂木是制作中国传统家具的常用木材，也是蒙古族家具制作的常用材料。

1 榆木

榆木主产于温带，高大落叶乔木，生长遍及北方各地，尤其是黄河流域。

榆木心、边材区分明显，边材窄暗黄色，心材暗紫灰色，力学强度较高。榆木有黄榆和紫榆之分。黄榆多见，木料新剖开时呈淡黄，随年代久远颜色逐步加深；而紫榆天生黑紫，色重者近似老红木的颜色。俄罗斯老榆木（即紫榆）更是具有纹理清晰、树大结疤少的优点。

榆木纹理通达清晰，刨面光滑，弦面有美丽花纹，是制作家具的常用木材。榆木家具有擦蜡做，也有擦漆做。在北方，明清时代的古家具现存量较多，可见榆木材质的稳定性是比较优秀的。榆木家具制作年代跨度较大，从明早期至清晚期从未停止生产，其演变过程、地域特点都非常清晰。早期的榆木家具以供奉家具为主，比如供桌、供案，形制古拙，多陈设在寺庙、家祠等处，因而才能保留至今。

榆木的硬度与强度适中，一般透雕、浮雕均能适应。榆木雕刻作品纹饰粗犷，散发着古色古香的气息。

关于榆木的文献记载：

《宋书·符瑞志》："琅邪费有榆木，异根连理，相去四尺九寸。"

《魏书·桓帝纪》："帝曾中蛊，呕吐之地仍生榆木。参合陂土无榆树，故世人异之。"

《天工开物·舟车》："梁与枋樯用楠木、槠木、樟木、榆木、槐木。"

图5-1 双屉双门浮雕植物纹橱柜

古有"榆木疙瘩"之称，言其不开窍、质地硬朗、难解难伐。榆木与南方产的榉木有"北榆南榉"之称。从古至今，榆木备受欢迎，是上至达官贵人、文人雅士，下至黎民百姓制作家具的首选。榆木的天然纹路美观，纹理直而粗犷豪爽，再加上榆木所特有的质朴天然的色彩和韵致，无不与古人所推崇的做人理念相契合。

蒙古族家具中用榆木制作的实物样本不多，乌海蒙古族家居博物馆馆藏的一件榆木木橱保存完整，雕工细腻，线条流畅，典雅大方，是该馆的一件精品（见图5-1）。

2 柳木

柳木主产于温带，落叶乔木，生长于北方的广大地区，为北方家具制作常用材之一。

柳木树皮暗灰黑色，皮沟较宽，心材淡红色，边材暗白色，年轮明晰。柳木木质结构细密、质软，木质宽度随生长条件而转变，颜色为淡米褐色，其心材颜色刚相反，为淡红棕色至棕灰色。柳木具有精细均匀的纹理，通常为直纹，有时会有斜交木纹，或者呈现圆形纹。

柳木为无心材，能耐受防腐处理，蒸汽弯曲性能良好，易用手工工具加工。柳木用钉子及螺钉固定性能良好，胶水固定性能极佳，砂磨及抛光后能获得极佳的表面。柳木干燥速度快，老化程度轻微，干燥的柳木尺寸稳定性良好。

柳木在蒙古包的建筑构件中和家具的制作中多有应用。蒙古包的围壁（蒙语称"哈那"）用柳条制作，选择长短不同、粗细均匀的柳条，两层等距离交叉排列形成菱形网眼，然后在交叉点上打眼（隔一个交叉点钉一个）固定而成网壁结构。在每根柳条上锥数个孔眼，用生牛皮或驼皮条作钉连接。由于柳条的韧性较强，围壁能够随着温、湿度的变化而伸缩，以保证其连接的稳固性（见图5-2）。

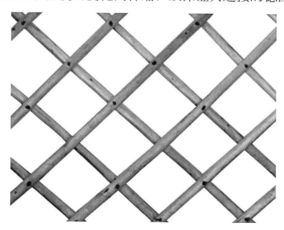

图5-2 蒙古包的柳条围壁

柳木可用于制作家具、细木工制品。由于在特定的含水率下易弯折的特性，常见于较小的圆形盒和桶形的柳木家具。柳木家具的表面也做髹饰处理，或单油，或单漆，或彩绘，这类家具一般为收纳之用（见图5-3、图5-4、图5-5）。

图5-3 柳木彩绘圆形木盒

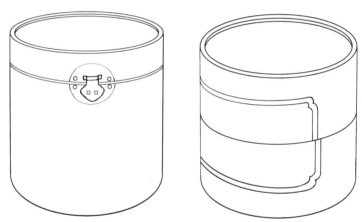

图5-4 翻盖红漆地柳木木桶　　　　图5-5 红漆地彩绘柳木圆桶

3 桦木

桦木为阔叶材，耐寒、速生，生长遍布于北半球高海拔寒冷地区，在我国分布于长白山到小兴安岭。

桦木木质细腻，木材呈黄白色略带褐，年轮明显，木身纯细，略重硬，结构细，力学强度大，富有弹性，具有闪亮的表面和光滑的肌理。桦木根部及节结处多花纹，产生出的"桦木瘿"有美丽自然的纹理，常被古人用来作为芯板等家具的装饰。桦木所制家具光滑耐磨、花纹明晰，在蒙古族家具中，也使用桦木制作家具，桦木家具表面通常以简单的漆饰处理，有的也施以彩绘（见图5-6）。

桦树皮平滑、柔韧、美丽，呈白色、灰色、红褐色或杂色，老树干的树

图5-6 双屉双门红地单面彩绘吉祥八宝纹橱柜

皮厚而具深沟，开裂成不规则的片段。桦树皮薄而不透水，可作为生活资料，高海拔地区的居民用其盖屋顶、制独木舟和做鞋。由于其具有闪亮的表面和光滑的肌理，我国境内东北的少数民族用其制作桦树皮画艺术品和小型家具（见图5-7、图5-8）。

图5-7 桦树皮盒（内蒙古博物馆藏品摹本）

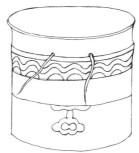

图5-8 桦树皮桶（内蒙古博物馆藏品摹本）

4 松木

松木是一种针叶材（常见的针叶植物有松木、杉木、柏木），多生长于高海拔地区，在我国境内，生长分布于长白山到小兴安岭一带的有红松（生长年限长一些，纹理比较细密，颜色偏红）和白松（生长年限短一些，纹理比较粗）。白松包括很多类，包括樟子松、鱼鳞松、冷杉等。松木年轮细密，木材的质地柔韧，树木的含油量低，木材阴阳色分布均匀。

松木的优点是材质较软，易于加工，色泽天然，纹理清楚美观，所以是现代生活日常中和制作家具的主要用材之一。松木家具有纯真、质朴、简洁之美，还散发有淡淡的松香味。

松木的缺点是易吸湿，易开裂变形，易变色。松木家具讲究纯自然色，长期日照会变色和开裂，这是需要注意和严格防范的。

在古代，由于加工工艺的限制，松木质软、易开裂变形的特性没法处理，所以常被生活杂用，很少用其制作家具。

蒙古族聚居区地处北部草原，少有质地较硬的木材，又因松木易于加工，所以被用作蒙古族家具主要用材。因其易于干裂，所以披麻挂灰是常用的松木家具表面处理方法，该做法对家具表面进行了封闭，使木材不易变形，使得表面平整，利于彩绘等其他装饰处理。另外，在松木家具表面做漆，可以掩盖某些木材缺点，但时间久了，油漆容易变色，所以松木家具一般采用漆膜较厚、颜色较深的髹漆工艺，这也是为了克服家具日久变色而进行的处理办法。

乌海蒙古族家居博物馆的实物样本中，多数家具为松木制作。松木也是蒙古族家具体系中大多数家具的制作用材（见图5-9、图5-10）。

图5-9　翻门红地单面彩绘平安富贵图木箱

图5-10　单屉单面红地彩绘卷草纹木桌

5 柏木

柏树是柏科树木的总称，一般说的柏树多指侧柏，又名柏树、扁柏。柏树为常绿高大乔木，树皮淡褐灰色，裂成窄长条片；小枝细长下垂，生鳞叶的小枝扁。柏木致密而含有油脂，耐腐性良好，遇水不烂、防腐保温、不易变形。柏木是全树可利用的树种，是一种多功能、高效益的树种，具有很高的经济价值。柏木的枝叶、树干、根兜都可提炼精制柏木油，柏木油可作多种化工产品，树根提炼柏木油后的碎木，经粉碎成粉后作为香料，出口东南亚，经济价值高。内蒙古地区生长有3属7种柏树。

鉴于柏木的优点，其可用于制作家具、木制工艺品等。柏木家具随着时间变化不会产生变化，反而会变得更为光滑明亮。

在蒙古族家具制作中，有少量柏木实物样本留存，一般为小型家具。乌海蒙古族家居博物馆的一件小桌为柏木制作（见图5-11）。

图5-11 朱地单面浮雕璎珞纹木架桌

6 杨木

杨树是一种速生丰产树种，它具有适应性广、生长速度快等特点，我国南方及北方均有广泛的种植。杨木纤维结构疏松，易变形、开裂，材质相对较差，纹理不够美观。杨木资源较为丰富，内蒙古地区有11种。

图5-12 双屉红地单面金漆彩绘佛教故事图木橱

材质较好的黄杨木可以制作高档的木雕部件。对于普通杨木，历来在家具制作中较少使用，有时可作为衬料少量用于隐蔽处。在蒙古族家具制作中，如杨木作为面层用材，必然在表面进行漆膜较厚的髹饰处理，方可保证平整和美观（见图5-12）。

师传："硬木做框做面料，软木质细板装或雕，认识木材最重要，稀缺木材利用好。"所以家具制作一般以一种木材为多，从榫卯与框架的技术要求看，这符合同种木材干缩湿胀变形小的特质。

家具的制作中，有时不完全使用同一种木材，也会将木材搭配使用。硬杂木受力强度好，常被用于制作家具框架及板面，外部和内部构件均有使用；而雕刻部件由于工艺的需要，则多用软木材为之。这种不同木材搭配使用的方法，在蒙古族家具制作中亦是如此。

桦木、松木是蒙古族家具制作中较常用的木材，对于这2种木材的雕刻处理，在中国传统家具制作中较少见到，但在蒙古族家具制作中，在其上做雕刻却是常有的，由于木材的特性，其雕刻一般也不甚精细。

第二节　其他材料

一　皮革

皮革是经脱毛、鞣制等方法处理，已经变性为具有抵抗腐败性能的动物皮毛。草原的上皮革多由牛、马、羊的皮去毛加工而成。皮革一词在这里特指"皮"，"革"作为人造材料，这里不做探讨。皮革柔韧、透气，具有自然纹理和光泽，手感舒适，被广泛用于游牧民族生产生活的方方面面，也可制作皮箱、皮盒等，或作为家具的包覆材料（见图5-13）。

图5-13 翻门墨地单面彩绘蒙人驭虎图木箱（木箱表面为裹皮处理）

皮革是草原的特产，蒙古人对皮革有着天然的感情，处理皮革曾经是蒙古人必须学会的生活技能和手艺。皮革除作为蒙古族生活资料和商业贸易品外，也被应用于搭建蒙古包时捆绑围壁（蒙古语称：哈那）和家具的连接。皮革在家具制作中也是重要的辅助材料，另外皮革和皮绳还可用于蒙古族家具的连接、加固和修复。

二 金属

金属具有一定光泽（即对可见光强烈反射），富有良好的延展性，包括金、银、铜、铁、锡、铂等多种元素。

金属在传入蒙古高原后，除了可以锻造锋利的兵器和坚韧的用具，在家居生活中也被大量使用。蒙古族家具制作中使用较多的，作为辅助用料的金属是铜、铁，金、银作为家具辅助用料和装饰都较少见。此章节内容的金属特指蒙古族家具制作中的辅助材料，金银首饰等不在本书的探讨范围之内。

传统的蒙古族家具制作无钉少胶，这和中原传统家具制作的讲究相同。但在民间的家具制作中，也有少量使用钉者，配合皮革、皮绳共同完成家具的连接。金属连接是蒙古族传统家具制作中重要的连接方式，金属连接件在橱柜和箱匣类家具上常见。家具制作中使用金属的其他方面主要指金属装饰件，关于此，参阅本书"第六章 蒙古族家具的装饰"中"第二节 金属装饰"。

三 髹饰材料

蒙古族家具制作中的髹饰材料，只限于制作家具用漆里的附属材料，不包括木胎外加各种髹饰的漆木家具。用剔红、戗金、雕填、款彩、嵌螺钿等工艺制成的漆木家具，其技法及用料可参阅《髹饰录》。

明及清前期家具，尤其是制作考究的，多有漆里。常见的如箱、柜及各种桌案等。其造法与漆木家具的漆里无大差异，也要经过先用漆灰填缝，然后上色漆等几道工序。每道工序的次数或多或少，造工或精或粗，颇不一致。有了漆里，对防治开裂，和对箱柜的防虫、防尘能起到重要作用。

造漆里所用材料为生漆、麻布或苎麻，土子或砖灰（调漆灰用），熟漆（调色漆用）及各种颜料。箱、柜的漆里，曾见有朱红、暗红、紫褐、黄、缃色、暗绿、黑等多种。所用颜料，据《髹饰录》所载，也不外乎银朱、赭石、靛花、石黄、漆绿、烟煤等物。

在蒙古族家具制作中，髹饰材料和制作技法基本效仿中原，但髹饰工艺较中原简化了许多，许多箱体及家具内部的髹饰程序省去了，取而代之的是糊以纸张（见图5-14）。

图5-14 内壁糊以纸张的木橱

四　粘合材料及染料

明及清前期家具榫卯精密紧严，有的根本不用胶，有的只少量用胶。当时用的是黄鱼鳔，有《本草纲目》的记载可证："诸鳔皆可为胶，而海渔多以石首鳔作之，名江鳔，谓江鱼之鳔也。粘物甚固。此乃工匠日用之物，而记籍多略之。"鲁班馆匠师多剪鱼鳔浸泡，加温后捣砸数千百次，取其在上的鳔清使用。

年代较久的蒙古族家具在制作中完全采用中原的制作技法及材料，较晚的蒙古族家具为了简便，也使用乳胶及现代合成胶。

染料是硬木家具制作时为了加深木色、统一木色而使用的。因蒙古族家具多为硬杂木或软木制成，在制作中是否用染料，尚未查到确凿证据。

第六章
蒙古族家具的装饰

第一节 装饰方法

古籍《髹饰录》是专门研究传统髹漆工艺的著作，该著作对髹饰工艺有详细分类介绍，是研究家具髹饰的权威著作。对应该书相关的分类及解释，本章对蒙古族家具的髹饰做详细的分类和介绍。

一 单漆

单漆，是指在家具表面进行单一颜色的漆饰。单漆又分为单色漆及合色漆。"单漆"是指不调和颜料的不透明漆，"合色漆"是指调和了颜料的不透明漆，涂饰后的木质家具表面纹理均会被覆盖。有用调和了颜料的漆直接涂饰家具的，也有先刷颜色再罩清漆的，都是漆饰工艺中简单便捷的方法。木质家具表面打磨不光滑或打磨工艺不周全，单漆面便显得枯燥而无润光。单漆漆膜有一定封闭和润滑作用。

在蒙古族家具中，单漆颜色通常为红色、深红色，也有个别家具涂饰黄色、橘黄色或者绿色的。在单漆红底上也有彩绘花卉、图案的，需罩透明漆，

图6-1 四屉红漆木橱（表面处理为单漆工艺）

此家具案例较多见。黄色单漆的家具，是用黄色打底，再罩透明漆，以漆面透明、鲜黄、光润为好，黄色单漆的蒙古族家具家具较罕见。

单漆的蒙古族家具一般为小型家具，不在家具表面再做过多的修饰。制作年代较久的蒙古族家具，其漆饰时使用传统的天然生漆，俗称大漆；当代制作的蒙古族家具除使用生漆外，也使用各种人造漆（见图6-1）。

二 单油（罩清漆）

单油，其髹饰方法与单漆基本相同，不同在于将色漆更换为色油。在传统木制物件中，单油多用于房屋木作和简易的器皿髹饰。

在蒙古族家具中的小型木制物件中也有用单油这种工艺的。如木盒，髹饰单漆以后，家具表面会透出深浅相同的木纹理，木盒底部、内壁则多任木胎暴露。此做法原是南方漆饰工艺，后在北方的家具制作中也有效仿者，在蒙古族家具的制作中也使用该漆饰工艺（见图6-2）。

图6-2 雕刻木橱（表面处理为罩清漆）

三 彩绘

彩绘，指用色漆在家具上描画，颜料入漆，画出的花纹五彩缤纷、花团锦簇，图案色彩艳丽，可以说世间万物的颜色都可以画出。彩绘通常是在朱漆（黑漆或其他漆色）地子上描画。有的彩绘有晕染效果，这称作彩绘晕染。彩绘晕染，一般先调好同一色相的深浅两色漆，或调好不同色相的两种色漆 绘制时分别沾取不同的色漆进行描画，随即用第3支笔从中晕染。这样绘制出的效果就有自然的过渡效果。

蒙古族家具上的装饰以彩绘为主，所画内容涉及花鸟、动物、植物、吉祥图样等，不同彩绘内容的家具使用的人群也不相同。如彩绘内容是佛教中的八宝纹样，则家具原多在召庙中使用；若彩绘内容为龙凤，则原多为王府、贵族使用；若彩绘内容为花鸟、故事，则原多为普通家居所用。

蒙古族图案有的盘曲、有的团簇、层层叠叠、繁而不乱，色彩艳丽丰富，在蒙古族的生活方方面面都较常使用，如服饰、挂饰等，在家具彩绘内容上也以蒙古族图案较多见。

传统蒙古族家具的彩绘用料，全部采用天然矿物质颜料和植物颜料。所谓矿物质颜料就是用矿石制作的颜料，有金、银、珍珠、玛瑙、珊瑚、松石、孔雀石、朱砂等，其中许多是珍贵的宝石矿物；而植物颜料主要有大黄、蓝靛等。由于天然矿物质颜料的抗氧化能力极强，所以能够保证画面长时间色彩艳丽。

矿物质颜料的制作工艺比较复杂，矿石原料采集后，需经过研磨或凿舂，又经水沉淀、过滤、晒干后成为各色粉末颜料。植物颜料是由草本植物在沸水中煎煮后提炼而成。不同颜色的矿物颜料，研磨的方式也有所不同。传统的彩绘材料不仅色彩艳丽，而且可以保护木材，减缓木材的腐蚀速度，延长家具的使用寿命。近年来，蒙古族家具在制作时较多地使用了国内所产的水粉颜料，颜色虽看似鲜艳，但是工艺难度却降低了，不能长久保持。

蒙古族家具上的彩绘图案也是有规律、有秩序的，一般最中心的图样团簇紧凑，外围依次的几层图样呈向心状，边角纹样则舒展优美。彩绘图样主题

图6-3 双屉双门红地单面金漆彩绘几何纹橱柜（家具表面大量彩绘）

内外呼应、浑然一体，这些精美的彩绘图案具有很高的艺术价值（见图6-3）。

四 沥粉

沥粉，是一种古老的传统技法，它是由自制的沥粉工具，按着图案或字样的轮廓（需要沥粉的部位），将一种类似软腻子的堆粉像挤牙膏一样沥在上面，以形成凸起的特殊效果。沥粉可做在各种不同材料的基底上，在庭院寺庙中的匾额、楹联、廊柱、横梁等处都可以采用，在木材表面也可施以沥粉工艺。

沥粉的工艺步骤首先要铅笔起型，再按线型用粉膏沥出图案。在沥线的过程中，要掌握好力度，方能画出粗细均匀、线条流畅的图样。

沥粉是蒙古族家具常用的装饰手法，沥粉工艺中常见的图案有龙、凤、祥云图案、八宝图样等（见图6-4）。

图6-4 双门单面沥粉金漆彩绘鸾凤戏牡丹图衣柜
（表面图案均经沥粉处理）

五　描金

　　描金，是用稠的金漆描写高出漆面的纹饰。可在已有的图案上用金漆勾勒，也可用金漆直接绘制图案。

　　在朱地上描金、黑地上描金是传统家具装饰中常用手法，金漆则又有偏青、偏赤之分。蒙古族家具的描金装饰一般为局部装饰，内容多为龙凤图、八宝纹、花卉纹等。经过描金装饰后的器物更加华贵、雅致。

　　在蒙古族家具上，描金和沥粉一般同时使用，是相辅相成的两种装饰工艺，合称"沥粉描金"。其工艺是先沥粉，待沥粉材料干固后，用毛笔沾取金粉描画沥好的线型。

　　有沥粉描金装饰的蒙古族家具金光灿灿，极具古典的华丽感、高贵感，是王府、贵族府邸的专享用具。该类家具也往往成为现代家具收藏家眼中的精品（见图6-5）。

图6-5 双门红地单面沥粉描金彩绘龙凤呈祥纹立柜
（表面图案均经描金处理）

六 雕刻

雕刻装饰的手法可分为平雕、圆雕、毛雕、浮雕、透雕和综合雕6种。

平雕，即所雕花纹与雕刻品表面保持一定的高度和深度。平雕有阴刻、阳刻两种，挖去图案部分，使所表现的图案低于衬地表面，这种做法称为阴刻；挖去衬地部分，使图案部分高出衬地表面，这种做法称为阳刻。如牙板上多使用平雕手法，且多为阳纹。阴刻手法在家具上使用得并不多。

圆雕，是立体的实体雕刻，也称作全雕。一般情况下，在家具上使用圆雕手法的较少见。

毛雕，也叫凸雕，是在平板上或图案表面用粗细、深浅不同的曲线或直线来表现各种图案的一种雕刻手法。

图6-6 朱地单面浮雕璎珞纹木架桌（家具表面处理手法为毛雕）

浮雕，也称凸雕，分为低浮雕、中浮雕和高浮雕几种。无论是哪种浮雕，图案纹样都有明显的高低、深浅变化，这也是它与平雕的不同之处（图6-6、6-7）。

透雕，是一种较为常见的装饰手法。雕刻时留出图案纹路，将地子部分镂空挖透，图案本身可另外施加毛雕手法，使图案呈现出半立体感的一种雕刻手法。透雕有一面做和两面做之别。一面做是在图案的一面施以毛雕，将图案形象化，这种做法的家具器物适合靠墙陈设，并且位置相对固定。两面做是将图案的两面施以毛雕。蒙古族家具中的嵌板、牙板和牙子是施以透雕工艺最多见的部分（见图6-8）。

综合雕，是将几种雕刻手法集于一物的综合手法，多见于屏风等大件家具。

蒙古族家具上雕刻工艺尤以浮雕、透雕工艺居多，在该两种工艺中又以浮雕工艺多见。其他雕刻装饰手法也有出现，但实物样本均较少见到（见图6-9）。

图6-7 朱地浮雕彩绘双狮纹案桌（家具表面图案经过浮雕处理）

图6-8 挂牙四屉浮雕彩绘兰萨植物纹木橱（牙子部分采用透雕处理）

图6-9 折叠镜台

七 镶嵌

　　镶，特指以物相配合。嵌，指把东西卡在空隙里。通常所言镶嵌，是以金、石等贵重之物钉入木器或漆器上，组成各种各样的纹饰和图案。

镶嵌，又名"百宝嵌"，分两种形式，即"平嵌"和"凸嵌"。平嵌，即所嵌之物与地子表面齐平；凸嵌，即所嵌之物高于地子表面，隆起如浮雕。

平嵌法，多用于漆器家具上，其做法是先以杂木制成家具骨架，然后上生漆一道，趁漆未干，粘贴麻布，用压子压实，然后再涂生漆一遍，阴干。上漆灰腻子两道，头一道稍粗，第二道稍细，每次均需打磨平整。平干后在上生漆，趁黏将事前准备好的嵌件依所需纹饰粘好，干好再在地子上上细灰漆。漆灰要与嵌件齐平，漆灰干后，略有收缩，再根据所需颜色上各色漆。通常要上两到三遍，使漆层高过嵌件，干后经打磨，使嵌件表面完全显露出来。之后再上一道光漆，即为成器。其他质料的镶嵌也大多采用相似的做法。

凸嵌法，即在各色家具上根据纹饰需要，雕刻出相应的凹槽，将嵌件粘嵌在槽口里。嵌件表面再施以适当的毛雕，使图案显得更加生动。该工艺中嵌件高于器物表面，由于其起凸的特点，使镶嵌件显现出强烈的立体感。但也有例外者，即镶嵌手法相同，嵌件表面与器物表面齐平，如桌面四边及面芯，就常用这种手法。

家具镶嵌材料种类繁多，其中以螺钿镶嵌居绝大多数，其次为各色珐琅、木雕、各色石材、骨制品、各色瓷片及金银片等。

在蒙古族家具的实物样本中，嵌螺钿的小型家具采用平嵌法，大型桌案类家具镶嵌时则常用凸嵌法（见图6-10）。

图6-10 嵌螺钿木箱（家具表面进行镶嵌处理，
采集自阿木尔巴图《蒙古族工艺美术》）

八 裹皮

裹皮，就是以皮革作为家具的"衣"，俗称皮革包覆，裹皮上一般不再做灰漆。

在蒙古族家具制作中，家具表面包覆羊皮，当使用日久后，表面的羊皮经过氧化，呈现黑色，家具会有一种自然的历史陈旧感。

　　家具经过裹皮处理后，还可在皮革表面绘制故事图样，或用金色、银色的泡钉在其上做出装饰。蒙古族家具制作中，包覆皮革的功能首先是保护家具，其次才是提高装饰效果。裹皮是蒙古族家具装饰中较常见的一种装饰工艺（见图6-11）。

图6-11 翻门墨地单面彩绘蒙人驭虎图木箱（表面进行裹皮处理）

九　披麻挂灰

　　披麻挂灰，也称作"批麻批灰"，是传统的木器装饰方法。"麻"就是麻布，"灰"就是灰泥，要用猪血调制。披麻挂灰的方法，是用白麻缠裹木胎，再抹上一层砖灰泥，再上漆。

　　以前制作家具时没有砂纸，用批麻批灰的方法是为了方便打磨平整，这样上漆时，才能确保漆面平整。现在使用腻子也可将木器表面找平，再在其上涂漆，但比批麻批灰的做法简单了许多。披麻挂灰是蒙古族家具进行漆饰前主要的处理方法。

第二节　金属装饰

　　饰件是构成蒙古族家具的辅助部件，制作饰件的材质以金属为主，也有使用动物骨、皮革的。金属饰件的类型有铜质、银质、铁质，也有用黄金制作的饰件；牛马羊的皮革也可制成家具饰件。旧时不同社会阶层使用的家具及装饰件有等级之分，越是王府贵族制作的华丽家具，其饰件材质越是高档。

　　这些金属饰件具有各自独特的艺术造型，分别具有独特的装饰效果。在蒙古族家具上，饰件除了具有装饰效果，为家具增色添彩，同时还对家具结构起到加固保护的作用。家具固有的优美造型和柔和色调，再配上各式饰件，使其更加美观。

蒙古族家具的金属饰件主要有：合页、面叶、拉手、提手、包边、包角。

一　合页

合页，是安装在箱子（或柜子）的框架（或门边、或盖与箱体中间），由两块金属板共同包裹一根圆轴组成，可开可合，故名合页。使用时一面钉在柜架上，一面钉在门边上。较大的合页可做成活轴，为便于搬运，将柜门打开向上一托，就可将柜门取下。合页的造型多种多样，有长方形、圆形、六角形、八角形和各种花边形的。合页的安装分明钉和暗爪两种。明钉常用特制的浮钉钉安；暗爪则用钻打眼，将暗爪穿过去，再将穿过的暗爪向两侧劈分，使合页面附着牢固（见图6-12）。

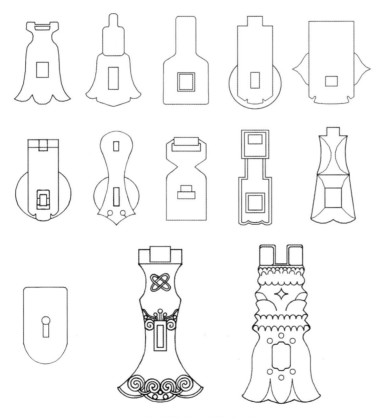

图6-12 蒙古族家具上的合页（线稿）

二　面叶

面叶，是在柜子或箱子中间衬托拉手、吊牌的饰件，多为铜质和银质，也有合金制造的。面叶通常呈圆形，中间略微鼓起，圆形面叶上通常会錾出向心状纹饰。蒙古族家具上的面叶通常尺寸较小，面叶中心开小孔，拉手穿过小孔，和面叶共同构成家具的拉手部分（见图6-13）。

图6-13 蒙古族家具上的面页（线稿）

三 拉手、提手

拉手和提手，是为方便开启和搬运而备的饰件。为方便开启的称作拉手，而方便搬运的称为提手。拉手和提手的材质有金属的，也有皮革、麻绳制作的。

拉手通常在抽屉的屉面中心、箱盖前边缘中间、橱柜（或立柜）对开的门边上安装；提手一般是装在箱体（柜体）的两侧或正面，又以金属提手在正面安装居多，皮质提手在两侧安装居多（见图6-14）。

金属材质的拉手有铜质、银质、铁质。常见的金属拉手的形状为圆环形

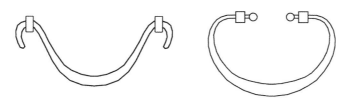

图6-14 蒙古族家具上常见的金属提手（线稿）

和苏鲁锭形、三角形、菱形。圆环形的拉手有通体光素的，也有在圆环上錾出波浪纹理的。苏鲁锭形、三角形及菱形的拉手均呈实心金属片状，通常在拉手表面还要錾出纹理，增加了其装饰效果（见图6-15）。

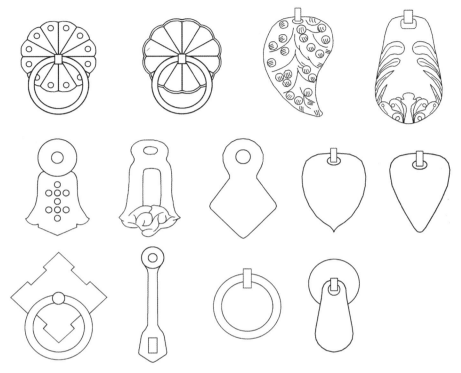

图6-15 蒙古族家具上常见的金属拉手（线稿）

草原盛产皮革，有些家具的拉手也使用动物的皮革制造。皮绳是将牛、马的皮子用工具割成细条，再根据需要切割其长短。制作皮绳的材料最好是经过熟制的皮革，这样的皮子才会更加柔软，适合作为家具饰件用品。

小型蒙古族家具的抽屉上常使用皮绳作为拉手，较大木箱上则在两侧安装金属或皮绳（麻绳）的提手（见图6-16、图6-17）。由于材料和所制部件的尺度限制，皮绳拉手一般没有丰富的形态。在穿结皮绳拉手时，需先在家具上

图6-16 木箱侧面板错位开孔安装提绳（提绳为皮质）

图6-17 木箱侧面板错位开孔安装提绳（提绳为麻质）

打孔，然后把皮绳（或皮条）穿过孔洞，在板件内部打结，将端头留在家具内部。皮革的柔韧性非常好，好的皮质拉手甚至可以使用百年以上。提手也有用麻绳制作的，但其耐用性要差于皮绳。

四 包边、包角

用于包覆家具边角，由金属制成的饰件称为"包边"和"包角"，这样的饰件通常由铜和铁制成，也简称为"卡子"。包边和包角在家具上的主要功能是保护家具结构，其次增加装饰效果。这种金属饰件是蒙古族家具中体量较小的箱匣类家具上常见的装饰构件（见图6-18）。

包边和包角安装时，用特制的金属钉固定，使其和家具附着牢固。这些金属钉一般由铜或铁制成，配合包边或包角使用后，亮闪闪的钉头外露，有很好的装饰效果（见图6-19）。

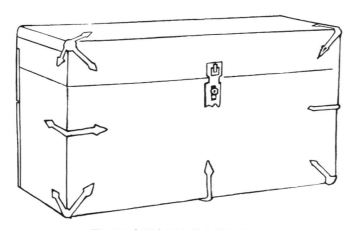

图6-18 小型木匣上的金属包边包角结构

图6-19 大型木箱上的金属包边包角结构

第七章
蒙古族家具形成解读

第一节　多元文化对蒙古族家具形成的影响

　　蒙古族是草原文化的传承人、守望者和集大成者。蒙古族传统文化是以佛教文化、中原儒家文化、伊斯兰文化为主，并兼容了其他文化（萨满教、道教、喇嘛教等）共同影响形成的多元文化体系，在其发展历程中具有很强的包容性。在多元文化背景下形成的蒙古族文化体系必然影响到其生活的方方面面，家具用品也不例外。在蒙古族传统家具的彩绘、雕刻中兼有佛教文化、中原汉文化和伊斯兰文化特征。

一　中原文化的影响

　　蒙古族聚居地处于黄河以北，与中原汉地长期保持着政治、经济、文化等各方面往来，中原地区与蒙古族地区的工艺美术和制造技艺必然会相互借鉴和学习。

　　在家具制作方法上，蒙古族传统家具借鉴了中原传统家具的榫卯结构，样式丰富的榫卯结构促使单调的蒙古族传统家具种类和样式逐渐多样化。

　　在家具彩绘方法和内容上，蒙古族传统家具受中原传统文化的影响，在

图7-1　红地单面彩绘龙纹方桌（乌海蒙古族家居博物馆藏品）

彩绘内容上出现了大量中原传统文化的绘画题材，如具有中原传统文化特色的植物纹——竹、兰、梅、菊、莲；动物纹——牡丹、孔雀、熊猫、蝙蝠；器物纹——琴、棋、书、画；还有象征吉祥的福禄寿喜等。在王宫府邸及显贵家庭中使用的家具均有精美的雕刻和绘画，在中原文化中象征至高统治地位的龙图案在蒙古族传统家具中也不乏精美的彩绘实物样本（见图7-1）。

现藏于乌海蒙古族家居博物馆的"翻盖红地单面金漆彩绘牡丹万字纹木箱"在彩绘中同时出现了两种文化特征，该家具上将佛教中寓意轮回永生的万字法轮纹和中原寓意吉祥的牡丹纹结合应用于家具彩绘，是蒙古族文化包容性的很好例证。

二　藏传佛教的影响

藏传佛教传入蒙古族地区经历了漫长的过程，但是对于蒙古族传统文化的影响却是至深至远的。公元1247年蒙古皇子阔端台与萨迦派首领萨迦班智达的凉州会晤，标志着蒙古族与藏传佛教正式结缘的开端。在这之后，藏传佛教（主要指格鲁派）逐渐在蒙古草原传播开来，与萨满教共同构成了蒙古族传统宗教信仰的两大主体。

藏传佛教对蒙古族传统的家具影响非常大，主要表现在"绘画"和"雕刻"题材两方面。家具表面彩绘中大量佛教题材的绘画、图案和文字使家具的装饰更好的服务于功能，这样的家具用于供奉、诵经和藏经，家具表面各种关于佛教题材的内容寄托了使用者虔诚的祈祷和企盼。在普通牧民家庭中常见的诵读经文的诵经桌，既有诵经的台面又有储藏经卷的抽屉，这便于虔诚的信仰者在草原上随身携带经卷、随时诵经（见图7-2）。

图7-2　单屉单面红地彩绘卷草纹木桌（乌海蒙古族家居博物馆藏品）

在寺庙中用于藏经和供奉的家具体量较大，在这类家具上通常有表现佛教题材的精美绘画，如摩尼珠、护法神、莲花台、八宝纹等，在喇嘛和高僧使用的家具上则会出现八思巴文的装饰。

三 西域文化的影响

"西域"这个地理名词源于古代，原指玉门关、阳关以西，帕米尔高原、巴尔喀什湖以东及新疆广大地区和亚洲的中西部。今天中亚诸多国家所处的地理位置在古时均为西域，伊斯兰教是西域诸国信奉的主体宗教。

蒙古族信仰伊斯兰教的渊源可以追溯到元代。在蒙古军西征南下、平定中原、统一中国的过程中，大量来自中亚、波斯等地的穆斯林也随之迁移到各地，使得伊斯兰教在中国得到普遍传播，所以说伊斯兰文化对蒙古族传统文化、社会经济都产生了深远的影响。

在家具中较多体现伊斯兰文化特征的是家具的金属装饰（其中以银饰居多）。技艺高超的工匠们在家具上打造出具有伊斯兰风格的精美装饰，这些装饰兼具蒙古族和伊斯兰的传统审美，这样的装饰体现了蒙古族传统文化的多元性和包容性。今天已无法确切考证家具上这种具有伊斯兰风格的镶饰工艺源起何时，但是透过精美的装饰仿佛可以感受到蒙古文化曾经的辉煌。

第二节 居所形式对蒙古族家具形成的影响

一 传统蒙古包的影响

传统蒙古包是一种穹庐式毡帐建筑，是游牧民族先民不断适应独特地域

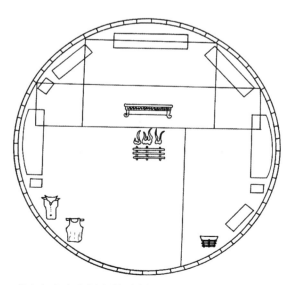

图7-3 蒙古包室内空间布局示意图（《传统蒙古包装饰研究》金光，内蒙古农业大学硕士论文）

资源、气候条件以及生活方式而创造的居住空间，这样的居住空间决定了蒙古族传统家具较小的形态和尺度，这样的家具也更能适应传统蒙古包内较低的高度和有限的空间。传统蒙古包的哈那墙是弧形的，所有的家具在蒙古包内都背靠哈那墙摆放，形态较小的家具不仅不会占据蒙古包内过多的空间，更利于紧靠哈那墙弧形摆放，而家具形态较小的另一原因是为了便于叠压摆放（见图7-4）。

图7-4 传统蒙古包内部家具陈设

二 王府及衙门府邸的影响

王府和衙门是达官贵人的居所，尽管和蒙古包一样都属于居住空间，但由于其居所的固定性，这里家具的种类和特征也显著区别于普通牧民生活中的家具。

该类居所内的家具种类繁多、形态较大、装饰精美。在王府和衙门内，固定的生活状态使家具的种类多样化，如出现梳妆台、碗架、衣柜等。王府和衙门内的家具不受摆放空间约束，这促使了较大型蒙古族家具的出现，如供案、橱案、立柜等。由于生活方式受到汉文化和儒家思想的影响，家具装饰题材也较多样化，并出现了中原文化特征，如牡丹图、孔雀图、熊猫图等具象绘画内容。

三 寺院及庙宇的影响

寺院及庙宇是固定建筑，是牧民企拜和朝圣的重要场所。由于寺院及庙宇的固定性，这类场所使用的大型家具结构也较固定，在家具表面多有关于宗教题材的绘画、雕刻和文字等精美装饰（见图7-5、图7-6）。

图7-5 彩绘沥粉描金花卉纹供桌（乌海蒙古族家居博物馆藏品）

图7-6 双门红地单面描金彩绘八宝纹藏经柜（乌海蒙古族家居博物馆藏品）

第三节　传统生活方式对蒙古族家具的影响

　　蒙古族是北方草原的游牧民族，游牧是蒙古族传统的生产方式。传统的游牧方式依靠天然草场放养牲畜，这种粗放型的畜牧方式效率较低，牧民辛苦游牧只为了适应低下的社会生产条件，而这种经济状况又反过来影响了蒙古族传统生活的方方面面。在此基础上产生的游牧文化与农耕文化有着重大的区别，传统游牧形态的特点对目前蒙古学或民族学研究意义重大。

　　蒙古族的传统生活方式是接近席地而坐的起居方式。在蒙古包或草地上餐饮、劳作和诵经时通常为盘腿坐，这样的生活方式决定了家具的高度，所以在家具类型中有较矮的桌、案、橱柜等。宗教信仰是蒙古族传统生活中的一项重要内容，诵经对于信奉宗教的蒙古人来说是生活中不可缺少的重要功课，诵经桌自然成为生活中的重要家具，为了满足盘腿坐的使用习惯，所以诵经桌的高度较矮。

　　折叠结构的家具为蒙古族传统家居生活节约了大量空间，在长途迁徙时利于捆扎携带，或利用较小的空间盛放，这比固定结构家具更能适应蒙古族传统的游牧生活方式，而多屉结构和各种分隔结构则实现了家具上更多的储存功能。蒙古族传统家具中的各种结构和功能都和游牧的生活习惯息息相关，是蒙古族工匠智慧的结晶和对生活感悟的体现。

　　为了寻找丰美的水草，牧民每年至少进行两次迁徙，在迁徙时有专门装运家具的勒勒车。长期的迁徙使得家具和勒勒车的盛放空间有了尺度联系，家具和勒勒车轴距尺寸的关系决定了是否能最大化的利用勒勒车的盛放空间。通过实测装载货物的勒勒车轴距并将其与家具尺寸做比对，结果很好地印证这一尺度观点的科学性。勒勒车的轴距1200±200mm，蒙古族传统家具中数量最多的橱柜和木箱的长度均接近700mm、宽度均接近400mm，这样的尺寸关系使家具在搬迁时能最大化地利用勒勒车空间（见图7-7）。

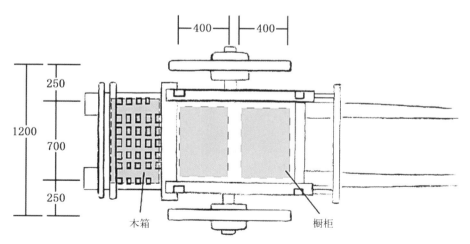

图7-7 橱柜、木箱与勒勒车的尺度比例关系示意图
（虚线部分为虚拟木箱和橱柜的外轮廓线）

　　专门乘坐人的勒勒车的称作"棚车"（见图7-8），车棚后部有一段延伸出的木搁架，此木搁架的尺寸宽800mm、深500mm（见图7-9），这个尺度恰好与蒙古族传统家具中的木箱的尺度接近，根据实测数据可以得出一种观点，该种

棚车后部的木搁架是可以平行放置木箱的结构（见图7-10），搬迁时可将装有随身物品的木箱捆扎在车后。

图7-8 棚车（内蒙古马文化博物馆藏品）

图7-9 棚车后部图（尺寸详注）

图7-10 棚车后部放置木箱虚拟图

参考文献

1 阿木尔巴图. 蒙古族图案 [M].呼和浩特：内蒙古大学出版社，2005.

2 阿木尔巴图. 蒙古族工艺美术 [M].呼和浩特：内蒙古大学出版社，2007.

3 丛亚娟，庞大伟. 喀尔喀部落蒙古族传统家具的命名探讨 [J].家具与室内装饰，2013（8）.

4 董玉库. 家具史 [M].哈尔滨：东北林业大学出版社，1984.

5 额博. 蒙古人写真集 [M].呼和浩特：内蒙古人民出版社，2011.

6 郭雨桥. 细说蒙古包 [M].北京：东方出版社，2010.

7 海凌超，徐峰.家具用材鉴赏——红木与名贵硬木 [M].北京：化学工业出版社,2010.

8 韩宝花. 阿拉善蒙古族民俗风情荟萃 [M].呼和浩特：内蒙古人民出版社，2007.

9 郝家林. 沥粉技法 [J].古建园林技术,1991(3).

10 胡文彦，于淑岩. 中国家具文化 [M].石家庄：河北美术出版社,2002.

11 （明）黄成著.（明）杨明注. 髹饰录图说 [M].济南：山东画报出版社,2007.

12 金光. 传统蒙古包装饰研究 [D].呼和浩特：内蒙古农业大学，2010.

13 康海飞. 家具设计资料图集 [M].上海：上海科学技术出版社，2008.

14 康海飞. 明清家具图集2 [M].2版. 北京：中国建筑工业出版社，2009.

15 李宗山. 中国家具史图说 [M].武汉：湖北美术出版社，2001.

16 路玉章. 晋作古典家具 [M].太原：三晋出版社，2011.

17 吕军. 藏式家具鉴赏与收藏 [M].长沙：湖南美术出版社，2010.

18 赵广超，马健超，程汉威. 一章木椅 [M].北京：生活.读书·新知三联书店,2008.

19 尚刚. 元代工艺美术史 [M].沈阳：辽宁教育出版社，1999.

20 商子庄. 木鉴 [M].北京：化学工业出版社，2008.

21 邵清隆. 论中国古代北方草原游牧文明 [J].实践，2004(10).

22 王丽. 蒙古族传统箱柜类家具造型研究 [D].哈尔滨：东北林业大学，2011.

23 王世襄. 明式家具研究 [M].北京：生活·读书·新知三联书店，2008.

24 乌日切夫，杨·巴雅尔. 蒙古族家具 [M].北京：民族出版社，2009.

25 吴依蔓. 蒙古族历史文化概述 [J].经济视野，2013（8）.

26　赵屹，康家路．花格子布 ［M］.石家庄：河北美术出版社,2003．

27　赵一东.北方游牧民族家具文化研究 ［M］.呼和浩特：内蒙古大学出版社,2013．

28　张绮曼，郑曙阳．室内设计资料集 ［M］.北京：中国建筑工业出版社，1991．

29　张欣宏．蒙古族传统家具装饰研究 ［D］.北京：北京林业大学，2006．

30　张欣宏．蒙古族传统家具研究——分类与审美 ［J］.艺术评论，2008（12）．

31　张欣宏，刘玉功.蒙古族传统家具图案元素分析 ［J］.家具，2006（1）:139—141．

32　郑宏奎．蒙古族文化图典——游乐卷 ［M］.北京：文物出版社，2008．

附 录

附录1 蒙古族家具命名初步研究

　　"命名"是对实物样本的文字描述，准确的名称记载是调研工作的重要内容之一。要深入研究蒙古族家具，必须要对实物样本进行科学、严谨、规范的命名。

　　随着近年来国家对民族文化遗产的重视，科研院校对蒙古族文化研究的深入，蒙古族家具研究成为了蒙古族传统文化体系的一个重要分支和研究方向。但蒙古族家具的文章及论著大多集中于图案及彩绘方面，对于命名的研究鲜有涉及，究其原因有二：①命名作为一个相对较小的研究范畴，较难把握；②大量的实物样本未被集中研究，无法开展针对命名的研究。

1 蒙古族家具溯源

　　内蒙古自治区地处中国北部，蒙古族是这里的主体少数民族，由蒙古族先民们建立的元朝，曾实现了中国在历史上最大范围的统一，其遗存的带有浓郁民族文化特色的家具是在数千年中国北方游牧民族（匈奴、突厥、回鹘、鲜卑、契丹、女真等）传统家具基础和宋、辽、金家具形式基础上，在中原文化、藏传佛教文化和伊斯兰文化的共同影响下逐渐发展起来的，具有浓郁的游牧风格和特色。

　　蒙古族家具的起源大体同我国中原地区同步，在游牧文化影响下产生的家具器物以其造型古拙、厚漆重彩的游牧文化特征引起了国内外诸多学者和藏家的关注。2005年首个"草原文化保护日"，内蒙古农业大学在内蒙古美术馆推出"蒙古族家具展"，唤醒了社会对蒙古族家具的保护意识。近年来有高校已对蒙古族家具展开研究，相关研究成果已有发表，再加上蒙古族家具的创新设计成果的面世，使得蒙古族家具研究逐渐得到了学术界的肯定和重视。作为蒙古族传统文化的组成部分，蒙古族家具是草原文化保护工程的组成，更是游牧文化交流、融合的传承与见证[1]、[2]。

2 蒙古族家具命名的现状

　　"名称"是对事物认知的开始，对于蒙古族家具的研究亦是如此。在面世的报道和论著中，对于蒙古族家具的命名方式大概归纳为2种不同的类型，以下分别展开分析：

（1）依据类型。该方式依据家具直观外形特征命名，例如"橱柜""板箱""供桌"等，该类名称字数简短，基本没有前缀名词。"同一件家具在不同的论著有不相同的命名"更是出现较多的情形，如图附-1家具的命名会出现以下4种情形："木桌""木盒""诵经柜""经卷盒"。由于同一类家具无明显形态区别，因此根据该命名方式基本无法准确判断家具面貌，会造成理解的误区。这种浅显的命名无法用于研究和著作发表。

图附-1 单屉单面红地彩绘卷草纹条桌

（2）依据装饰特征。彩绘是蒙古族家具上最富文化内涵的部分，基于这一缘由，家具的命名中多出现关于彩绘的描述，如"描金彩绘龙纹桌"。该命名方式在部分学者及收藏家的表述中较多见到，也是以往蒙古族家具研究文章中出现较多的命名方式。

以上是蒙古族家具命名现状的2个主要方面，其他不规范的命名案例不胜枚举，在文中也不做过多表述。这些不规范的命名不仅混淆读者对蒙古族家具的认知，对于蒙古族传统文化的研究更会产生严重的误区。

在内蒙古农业大学与乌海蒙古族家居博物馆的合作调研中，发现馆藏家具的标签中的命名较以上两种更完善，但通过深入分析，发现其命名有继续完善的必要。基于这样的现状，作者通过对馆藏家具和部分收藏家的家具实物样本的调查研究，探讨了命名的方法和原则，提出蒙古族家具命名的观点，并辅以图示例证。此项研究有助于规范蒙古族家具的命名，为后续研究做有益的铺垫和积累[3]。

3 蒙古族家具命名的规范

（1）依据命名规范

国家关于命名的规范——《博物馆藏品信息指标体系规范（试行）》中指出："文物藏品的名称含时期年代、作者产地、工艺技法、纹饰题材、材料质地，器别形制等特征内容。"另《国有可移动文物普查——文物定名标准（试行）》中注有："定名一般按照时代、特征、通称顺序排列。"再参照王世襄、杨耀等家具研究专家对中国传统家具的命名方法，蒙古族家具也亦采用"年代—材质—结构—装饰—类型"的描述顺序，例如"清黄花梨夹头榫雕龙纹平头案"。也有在名称中未出现年代和材质的，但命名至少应由"结构—装饰—类型"的描述顺序组成，年代和材质可作为注释出现。

参照规范传统家具的命名方法，少数民族家具的命名也有规范的必要。根据对蒙古族家具大量实物样本的调查研究，以下对命名中的每一部分做详细分析说明。

①年代。蒙古族先民们建立元朝，至今800多年。蒙古族家具由于搬迁磨损和岁月的磨砺，加之当年制作用材不够致密，相对难以长期保存。留存至今的家具实物最久远的也不过二三百年，500年以上的蒙古族家具实属罕见，现存实物样本以民国及近代居多。在家具命名工作中，如未能作出正确断代，则年代不应出现于命名主体部分，其描述可置于注释文字中。

②材质。蒙古族家具的制作用材以产自北方的松木、桦木、柳木、杨木等木材居多，这类木材在密度上不及硬木材质坚实，加之蒙古民族游牧的生活方式，经常的搬迁和颠簸会加速家具的损坏，使得留存至今的完整家具较少。在鉴定材质时，如家具表面没有使用色漆封闭，尚可判断材质；如家具经过色漆涂饰，材质则不能直观判断。所以，如果确定材质，则可在命名主体部分出现中描述；反之，则作为注释出现较好，如有特殊，亦做别论。

③结构。蒙古族家具有丰富的结构特征，其中一些是基于中原家具的结构，也另有其特色结构特征，如折叠结构、插板结构、开门结构等，这些明确的、特殊的结构特征有必要在命名中表述。

④装饰。蒙古族家具上彩绘装饰内容丰富，表达方式有"具象"和"抽象"两大类，具象装饰称为"图"，抽象装饰称为"纹"。装饰题材有故事化的图，也有图案化的纹饰。内容上有藏传佛教故事，也有与中原文化结合的神话故事。装饰方法有彩绘、描金、沥粉、雕刻、镶嵌等。此外金属包覆和皮革包覆也是蒙古族家具常见的装饰方法。以上这些装饰特征都是命名中需要描述的方面。

⑤类型。蒙古族家具的类型有桌、橱、柜、箱、架等，命名中类型依据主要功能而定。鉴于游牧的居所形式，矮型家具较多，加之宗教信仰，桌类家具中有经桌这一分支，柜类家具中有藏经柜，小型箱匣类又多有经卷盒，也有似桌、似案的矮型家具，在命名中可称作经台。木箱在很多关于蒙古族家具的调研报告及文章中多称为"板箱"，板箱一词多用于称呼内蒙古、山西地区家具传统的箱类，在此将这一称呼改为"木箱"。在蒙古族家具中，如果橱柜的功能明确，可分别称其为"木橱"或"柜"[4]、[5]。

（2）其他参照

要准确地为家具命名，除了以上涉及的主要命名要素外，还需对家具结构、功能做进一步的分析，其余细节也应作为命名参考。

①近距离触及实物样本。图附-2是乌海蒙古族家居博物馆的一件珍贵藏品，远观其为橱柜，正面有彩绘，上面有三处凹陷的板件。依据此特征，其命名大致可为"彩绘橱柜"。这样的命名看似无误，但如果对其进行近距离观察和结构的开启研究，会对其结构有新认识。家具正面所绘图案为"松竹梅兰"图，3处凹陷板件为插板结构，正面还有两扇可以左右开启的暗门结构，基于以上特征，其完整的命名应为"五门朱地单面浮雕彩绘松竹梅兰图木橱"。

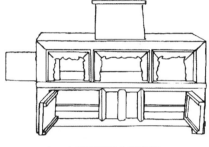

a—木橱效果图　　　　　　　　　　　　b—木橱板插结构开启图

图附-2　五门朱地单面浮雕彩绘松竹梅兰图木橱（乌海蒙古族家居博物馆藏品）

②测量实物样本尺寸。没有实际尺寸就无法准确判断其用途，在命名中就可能出现偏误。如"经卷盒"和普通"木盒"，在外观上很相近，但经卷盒的内部尺寸能容纳常规尺寸的经卷，而盛放杂物的盒子则不必符合这个尺度。

③其他。关于家具功能的判断方法还得依靠其他细节，比如油渍和味道的判断。外观相近的木橱，完全可能有不同的用途，通过观察其内部的油渍遗痕是判断其原始功能的一种方法。蒙古族传统的饮食结构中肉食和奶食占有相当大的比例，经常存放肉食、奶食的橱柜会有油渍遗痕，通过这一痕迹可判断其功能为收纳食品所用；而收纳经卷和衣物的橱或柜则不会产生明显油渍遗痕，可判断其为藏经或存放生活物品用[6]。

依据命名规范和参考细节特征，已能较完善地描述家具，其余不可见、不明显的特征可在辅助说明中加以注释。

（3）命名示例

图附-3是调研中一件未被命名的蒙古族家具，依据上文的命名方法，依次对该家具分析，并得出较准确的命名。该家具为框架结构，主要特征为有两个抽屉和左右开启的门；装饰特征以柜门上彩绘八宝纹为主，辅助图案为小抽屉上彩绘几何纹，中间下部嵌板彩绘植物纹，其彩绘只绘制于家具正面；家具类型为木橱。由于年代未能准确断定，其描述可在注释中出现。根据以上分析，此家具可命名为"双屉双门朱地单面浮雕彩绘八宝纹木橱"。

图附-3 双屉双门朱地单面浮雕彩绘八宝纹木橱

4 结语

本文是对新的蒙古族家具研究方向的探索和尝试，笔者阐述了蒙古族家具的现状，分析了蒙古族家具命名的参考规范，提出了"以国家相关标准为指导，以中国传统硬木家具命名方法为规范，以蒙古族家具特征为参照"的蒙古族家具的命名方法，并用样本示例解读了该方法。

该命名方法具有实际指导意义，依据该方法，可以较完整地描述家具特征，且基本不会使人产生误解。家具名称的确定，是调查研究的深入，同时也为博物馆完成了部分家具的命名工作，对馆藏物品资料的完善做了有益的补充。

命名是蒙古族家具的一项空白，笔者的研究只是该方向的初步探讨，旨在通过这样的基础研究，为蒙古族家具的研究工作做有益的补充，同时，也为其他文物的命名起到示范作用。

参 考 文 献：

[1] 乌日切夫，杨·巴雅尔.蒙古族家具 [M].北京：民族出版社，2009.

[2] 王世襄.明式家具研究[M].北京：生活·读书·新知三联书店，2008.

[3] 张欣宏，刘玉功.蒙古族传统家具图案元素分析 [J].家具，2006（1）：139-141.

[4] 路玉章.晋作古典家具[M].太原：三晋出版社，2011.

[5] 赵一东.北方游牧民族家具文化研究 [M].呼和浩特：内蒙古大学出版社，2013.

[6] 王丽.蒙古族传统箱柜类家具造型研究 [D].哈尔滨：东北林业大学，2011.

附录2 专业词汇辨析

在传统家具研究中，一些词汇容易误读，更有专业用字易产生混淆，这都会造成理解的误区，蒙古族家具研究中亦是如此。

在对蒙古族家具的研究中，发现了一些在工艺上和装饰上的专业词汇极易混淆，例如："砺粉""沥粉"与"粝粉"，在调研中对于该种工艺描述的用词不尽相同，为了明确该用词的准确性，通过多方查证，对该词做了分析，并附以笔者解读。

1 "砺粉""粝粉"与"沥粉"

砺

"砺"，音"lì"，汉语词典中释义：

（1）粗的磨刀石【名】，例词：砺石。

（2）磨【动】，例词：磨砺。

（3）钻研、磨炼【动】。

组词及释义：

砺剑——磨剑；

砺砥——磨刀石；

砺戈秣马——磨戈喂马；

砺兵——磨快兵器；

砺淬——刻苦磨炼；

砺志——励志。

"砺"字在相关古籍中所见如下：

（1）阴山多砺石。——《山海经·中山经》。"砺石"：可作磨刀石和石磨的一种粗石，泛指粗石。

（2）刀砺。——《礼记·内则》。"砺"：磨刀的石头。

（3）金就砺则利。——《荀子·劝学》。"砺"：打磨，磨砺。

（4）钻砺过分，则神疲而气衰。——《文心雕龙·养气》。"钻砺"：钻研。

粝

"粝"，音"lì"，汉语词典中释义：糙米【名】，组词为：粗粝，粝食，粝饭。

"粝"字在相关古籍中所见如下：

（1）适鲍叔牙遣牙将高黑运乾粝五十车到，桓公即留高黑军前听用。
　　——《东周列国志》（明·冯梦龙）。"粝"：粗粮。

（2）粝，粢之饭。——《淮南子·精神》。"粝"：粗粮。

（3）尧之王天下也，茅茨不翦，彩椽不斫，粝粢之食，藜藿之羹，冬日麑裘，夏日葛衣。——《韩非子·五蠹》。"粝粢"：粗糙的饭食。

（4）何处惊麈触祸机，烦君遣骑割鲜肥。秋来多病新开肉，粝饭寒葅得解围。
　　——《谢荣绪割貺见贶二首》（黄庭坚）。"粝饭"：粗糙的饭食。

沥

"沥"，音"lì"，汉语词典中释义：

（1）液体一滴一滴地落下【动】，组词为：呕心沥血；

（2）液体的点滴【名】，组词为：余沥；

（3）从毛孔或裂缝小口慢慢流出【动】，组词为：沥粉。

相关组词及释义有：

沥血——刺破皮肤使滴血，以发誓、表竭诚或作祭祀；

沥液——水滴；

沥滴——水下滴。

"沥"字在相关古籍中所见如下：

（1）动滴沥以成响，殷雷应其若警。——《鲁灵光殿赋》（汉·王延寿）。

　　　"沥"：液体一滴一滴地落下。

（2）以杓酌油沥之。——《归田录》（宋·欧阳修）。"沥"：滴落。

表附-1

字	释义及词性	组　词
砺	（1）粗的磨刀石【名】	砺石
	（2）磨【动】	磨砺
	（3）钻研、磨炼【动】	砺淬、砺志
粝	糙米【名】	粗粝、粝食、粝饭
沥	（1）液体一滴一滴的落下【动】	呕心沥血
	（2）液体的点滴【名】	余沥
	（3）从毛孔或裂缝小口慢慢流出【动】	沥粉

笔者解读：

在传统家具表面装饰中，这一工艺用词常见用"粝粉"或"沥粉"，"砺粉"的称呼也个别出现。

此三种用词各有其解释：①"粝粉"解释的根据是，传统家具装饰材料中的粉末可能会由米汤来调制，所以有观点认为用"粝粉"；②"沥粉"解释的根据是，传统家具装饰材料中的粉末会制成膏状，再用来在家具表面装饰，所以此观点认为使用"沥粉"；③"砺粉"解释的根据是，传统家具装饰材料中的粉末由天然矿物质材料研磨而成，石质的颜料基材决定了使用"砺"字，故此观点使用"砺粉"一词。

这三个不同偏旁的字发音相同，根据查阅词典，并在相关古籍中考证，"沥粉"使用最多，"沥"字的释义也最为准确，所以"沥粉"一词应是该种传统家具装饰工艺的正确用词。

2 "底"与"地"

底

"底",读音"dǐ",汉语词典中的释义有:

(1) 最下面的部分。例词:底层,底座。

(2) 花纹、图案的基层。例词:白底蓝花。

家具(或木器)结构中,"底"特指家具(或部件)最下面位置的结构,例:"抽屉底板"、"柜体底板"。这是关于底字释义①的解读。

在髹饰(漆饰)工艺中,"底"特指器物表面最基础的髹饰(装饰),通常称作"底子",制作底子装饰常使用"打底"一词。这是关于底字释义②的解读。

地

"地",多音字,读"dì"、"de"。汉语词典中关于读"dì"的释义有:

"地",名词,花纹图案或文字的衬托面,例词:红地白花、白地黑字。家具(或木器)结构中,"地"特指家具表面最基础的髹饰(装饰)。这是关于地字释义的解读。

笔者解读:

依据《髹饰录图说》中的解读,在家具髹饰中,为了更好地区别"底"和"地",分清结构与装饰,避免相互混淆,在木器髹饰中,制作表面最基础的装饰称作"打底",将进行过打底髹饰后的底子称为"地"。在家具的命名中,也将这种装饰称作"地",例如名称"翻盖红地单面彩绘琴棋书画图木箱"(见图例:翻盖红地单面彩绘琴棋书画图木箱)。

3 "饰件"与"什件"

饰件

"饰件",传统家具上采用金、银、铜等制成的各种装饰件的统称。如箱、柜、橱、交杌等家具,根据功能的要求,配置合页、包角、提手、吊牌等。传统家具中常采用的金属饰件多以铜件为主要用材,因为铜有光亮平滑的特性,与木材在色泽、体量的强烈对比中发挥了良好的装饰作用,传统家具上多采用白铜或黄铜制成各种装饰件,这也是传统家具装饰的一大特色。

什件

"什件",箱柜、马车、刀剑等上面所附的金属饰物。

笔者解读:

对于传统家具装饰件的称呼,多采用"饰件"这一称呼。关于"什件"这一称呼,在部分传统家具的著作中也有使用,在路玉章先生所著《晋作古典家具》

一书第十四章中，使用"什件"称呼。由此可见，关于传统家具装饰件的称呼，"饰件"和"什件"都是正确的，在具体使用中多见"饰件"。

附录3 本书写作札记

1 前期工作

我是一个艺术青年，家具设计专业出身，2004年留校工作后，一直兢兢业业，自觉还算积极进取。2010年，我考取了内蒙古农业大学郑宏奎教授的硕士研究生。鉴于我的专业基础、教学积累和学术研究方向，我决定深入研究蒙古族家具。

乌海蒙古族家居博物馆是我国首家以展示蒙古族传统生活木质器物为主的博物馆，尤以家具居多。硕士入学以后，我就开始酝酿调研乌海蒙古族家居博物馆，完成我硕士期间的研究目标。

经过学院与该博物馆的交涉，我与馆长的数次沟通，前期的周密准备，调研工作在2012年夏顺利完成。当我将沉甸甸的调研资料拿给王喜明教授审阅时，王老师非常欣赏，提议我撰写关于研究蒙古族家具方向的书籍。当时写书对于我而言简直是个庞大的、甚至遥不可及的工程，我那时的首要任务是完成撰写硕士论文，能够顺利毕业。

有乌海蒙古族家居博物馆的调研资料，坚定了我完成一篇优质论文的决心，我将硕士论文题目拟定为《蒙古族传统家具结构特征研究》。硕士论文于2012年秋季开始动笔，经过艰辛努力，一篇图文并茂的论文在2013年5月得以完成并顺利通过各项审核，最终获得2013年度内蒙古农业大学优秀硕士论文。

2 草拟书稿

2013年硕士顺利毕业后，秋季学期得以短暂放松。当2013年冬天来临，我重新提笔，计划撰写关于蒙古族家具研究的书籍。写作前对已有的写作素材进行了罗列，如下：

2012年调研，有乌海家居博物馆馆藏家具的10方面内容：

(1) 蒙古族传统家具照片

照片涉及家具主视图、侧视图、顶视图、效果图、局部详图。

(2) 家具测绘图

测绘图包括外观效果图、局部详图。

测绘图最初为手绘图，手稿修正已经完成好，拟作出CAD图。

(3) 家具尺寸

外观尺寸、局部详细尺寸，均已在手绘图中标注。

(4) 关于蒙古族传统家具的命名

在调研中发现馆内家具的命名不尽规范，有的未命名。

根据传统家具的命名方式，已经将调研的全部家具进行了完整、规范地命名。

（5）家具图案分析

每件家具的图案进行了初步分析，在图册中有详表体现。

（6）图案修饰工艺分析

每件家具的图案修饰工艺进行了初步分析，在图册中有详表体现。

（7）结构描述、特殊结构解析

每件家具的结构特征均作了详细描述、特殊结构已做解析。

（8）五金及其他配饰

五金件及配饰做了基本说明，但还未做详细解析。

（9）用途及传承

用途及传承已做基本分析，还得请教相关专家论证。

（10）其他描述

通过调研后分析发现的现象，提出的观点，总结的基本结论，待解答的疑惑。

最初拟将书名定为《蒙古族传统家具研究》，目录也同时草拟（见下面文稿）。

序

前　言

第一章　蒙古族传统家具的概念

1　历史溯源

2　形成环境

3　概念确立

第二章　蒙古族传统家具的种类与形式

1　橱柜类

2　箱匣类

3　桌案类

4　床榻类

5　椅凳类

6　架具类

7　供器类

8　餐具类

第三章　蒙古族传统家具的接合方式、结构特征与造型规律

1　蒙古族传统家具的接合方式

3 赵一东教授对本书的写作建议

此书籍目录拟定后，征求了我的硕士论文外审专家内蒙古大学艺术学院赵一东教授的意见（赵老师在2013年出版个人专著《北方游牧民族家具文化研究》），他对于我的大纲提出了宝贵意见：

（1）建议去掉蒙古族传统家具研究的"传统"二字，改为"蒙古族家具研究"。解析，如果强调"传统"，就涉及到要区别于"现代"，会使专业读者提出关于什么是"现代蒙古族家具"的疑问。究其历史，蒙古族家具并不算一种很古老文化形式，遗存的实物样本大多是百年内的物件，如按历史时间划分应为"近代"或"当代"，在实际研究中诸多样本均涉及断代不准确的问题，所以不应加"传统"二字，这样容易造成时间概念的理解误差。

（2）第一章 第一节 历史溯源中，涉及断代的问题不能武断地写，要谦虚谨慎。第二节 形成环境中，①山西家具对蒙古族地区家具影响；②中原传统家具对蒙古族家具的影响；③佛教对蒙古族家具的影响；④生活方式对蒙古族家具的影响，以上四方面要重点把握，在本节中要有叙述。

（3）第二章中"种类"和"形式"是家具研究中两个大的方面，如果对其形式不能准确分析，那将"种类"谈明白亦可。

（4）第三章材质部分要对一些蒙古族家具制作常用的木材作重点介绍和解释，蒙古族家具实物案例中未有涉及的木材不要大篇幅地描写。木材不要笼统地概写，要分树种、分材料描述，最好配以木样照片和实物样本图片。

（5）第四章蒙古族家具的接合方式、结构特征与造型规律是本书重点，要着重写"结构特征"。

（6）第五章蒙古族家具的装饰中，以往的文字多集中在彩绘及色彩的研究方面，在本书写作中努力尝试换个角度，避免老生常谈的内容。

根据赵一东教授的建议，我认真思考、反复斟酌，将书名修订为《蒙古族家具研究》，书籍大纲又经过多次修订，所有文稿完成后，目录才最终确定。

附录4 关于乌海蒙古族家居博物馆调研历程及研究资料

1 调研历程及日志，书稿撰写历程及日志

项目	序号	时 间	内容及说明
提出调研想法	1	2011年10月	提出调研乌海蒙古族家居博物馆的想法
	2	2011年12月	拟定基本调研思路
	3	2012年2月	搜集关于乌海蒙古族家居博物馆的所有研究资料（包括书籍、论文、影像、新闻、访谈等）
前期准备	1	2012年4月	拟定基本调研计划
	2	2012年4月底	托人求得内蒙古博物院馆藏文物登记表样表 见样表（内蒙古博物院文物登记表）
	3	2012年5月5日～14日	细化调研计划
	4	2012年5月15日～22日	制作初步调研表格
	5	2012年6月6日～10日	向内蒙古博物院孔群先生请教关于拍摄家具文物的方法与注意事项（孔群：内蒙古博物院著名文物摄影师）
	6	2012年6月29日、30日	（1）到乌海蒙古族家居博物馆，向馆长申请调研 （2）与馆长沟通具体调研事项 （3）馆长给出调研的具体建议
	7	2012年7月1日～7日	撰写并修订内蒙古农业大学与乌海蒙古族家居博物馆的实践教学基地协议，期间与博物馆馆长多次沟通

前期准备	8	2012年7月8日～11日	(1) 制订调研计划书 (2) 修订调研表格 (3) 制订藏品登记表，见样表（乌海蒙古族家居博物馆藏品登记表） (4) 制订藏品登记说明，见样表（乌海蒙古族家居博物馆调研藏品登记说明）		
	9	2012年7月10日～15日	准备调研器材、工具等		
博物馆调研	1	2012年7月16日～31日	17日	馆藏家具统一编号	(1) 拍摄采集家具的6个视图 (2) 家具尺寸测量，结构及详图的绘制 (3) 每天晚上整理、统计当日拍摄及测绘图
	2		18～21日	拍摄1号展厅家具，测量尺寸，绘制结构详图	
	3		22～25日	拍摄2号展厅家具，测量尺寸，绘制结构详图	
	4		26～28日	拍摄3号展厅家具，测量尺寸，绘制结构详图	
	5		29日	整理资料，查漏补缺	
	6		30、31日	补充拍摄、补充测量	
资料整理	1	2012年8月3日～23日	整理图像资料		
	2	2012年8月23日～31日	整理文字及表格资料		
	3	2012年9月～10月	整理手绘家具尺寸图纸		
	4	2012年10月1日～7日	再次去乌海蒙古族家居博物馆补充测量个别家具尺寸		
	5	2012年10月13日～15日	将乌海蒙古族家居博物馆调研资料整理成册		
	6	2013年1月2日～21日	蒙古族家具命名的修正及表格的资料补充，见样表（单件家具信息表）		

文化展示

序号	时间	内容及说明
1	2013年5月5日～26日	应乌海蒙古族家居博物馆的请求，合作完成民族文化的设计创作及展示

论文撰写

序号	时间	内容及说明
1	2012年12月～2013年5月	撰写硕士论文《蒙古族传统家具结构研究》

书籍写作

序号	时间	内容及说明
1	2012年底	提出书籍写作计划
2	2013年11月	拟定书籍写作大纲
3	2014年4月～6月	(1) 专家论证书籍大纲 (2) 修订书籍名称及写作大纲
4	2014年6月	书稿写作开始

5	2014年7月22日～8月16日	家具CAD图及结构详图的绘制
6	2014年8月7日～12日	蒙古族家具五金件的绘制
7	2014年8月12日～15日	部分蒙古族家具线稿的增补绘制
8	2014年8月18日	审订《蒙古族家具研究》第一稿
9	2014年8月20日以后	编辑及作者继续修订

此节内容借鉴了潘鲁生主编《中国民间采风录·花格子布》中"民意考察日志"部分的写作形式。

2 内蒙古博物院文物登记表（样表）

新上账文物	民族	时代	质地	数量（件）	尺寸（cm）	级别	文物来源	完残程度	库房次位	展柜次位	登记日期	备注	文物照片
近现代蒙古族红地彩绘三屉双台橱架	蒙古	近现代	木	1	高99.7 长123 宽39	一般	原内蒙古博物馆旧藏	基本完整，边角处漆面微脱，左侧上端木架有磕损	C10	Z01	2010.4.20		
近现代蒙古族红绿地金彩双胜万字团寿石榴花卉纹木小茶桌	蒙古	近现代	木	1	高20 长45.8 宽18.5	一般	呼伦贝尔盟征集	一条腿上部开裂，多处磨损	C10	B01	2010.4.20		
近现代蒙古族红地彩绘八宝双胜万字卷草花卉纹木单屉小茶桌	蒙古	近现代	木	1	高19.8 长39.8 宽20	一般	原内蒙古博物馆旧藏	完整	C10	B03	2010.4.20		
近现代蒙古族红地彩绘八宝双胜万字卷草花卉纹木单屉小茶桌	蒙古	近现代	木	1	高19.8 长39.8 宽20	一般	原内蒙古博物馆旧藏	完整	C10	B03	2010.4.20		

3 乌海蒙古族家居博物馆 藏品登记表（2号厅 0号展台 30件 01～05）

展柜次位	名称	民族	时代	质地	数量（件）	尺寸（mm）	级别	来源	完残程度	特征	文物照片
2号厅0展台01	五屉红地单面金漆彩绘植物纹木橱	蒙古族		木	1	长1055 宽315 高445		征集	基本完整，有使用磨损痕迹。两侧及顶部开裂左右足有缺损	上端三屉大小相同，下端两屉大小相同	
2号厅0展台02	双屉双门红地单面描金彩绘植物纹木橱	蒙古族		木	1	长775 宽450 高630		征集	基本完整，有使用磨损痕迹。两端下侧牙板左侧部分缺失，右后足缺失	上端两屉大小相同，下部左右开门，门有木轴，可拆装	

2号厅0展台03	双门红地单面彩绘龙纹橱柜	蒙古族		木	1	长575 宽270 高650	征集	完整	柜内有一横隔板	
2号厅0展台04	双屉双门浮雕植物纹橱柜	蒙古族		榆木	1	长1260 宽500 高885	征集	完整，顶部木结构结合处开裂，雕刻基本无损坏	上端两屉尺度相同，下端左右开门，门有木轴，可拆装	
2号厅0展台05	双门红地单面沥粉描金彩绘瑞兽纹橱柜	蒙古族	近代	木	1	长735 宽485 高880	征集	完整	柜内有一横隔板	

登记时间：2012年7月23日 登记人：李军　田昊东

4 乌海蒙古族家居博物馆调研藏品登记说明

1.展柜次位	厅左上起顺次编号　　例：A001（1号厅左上起第一件）
2.原名	例：橱架
3.命名	例：近现代蒙古族红地彩绘三屉双台橱架
4.民族	蒙、汉等
5.时代	明代、清代、民国、近现代 说明：如果能够准确断代可以填入
6.质地	木、金、银、琉璃等
7.数量	件／套
8.尺寸(mm)	高　　　mm 长　　　mm 宽　　　mm
9.级别	重点、一般
10.文物来源	省（区）—市（盟）—县—地点 例：收于呼和浩特市红石崖寺庙
11.完残程度	例：基本完整，边角处漆面微脱，左侧上端木架有磕损
12.登记日期	年—月—日　　例：2012年4月20日
13.特征	(1) 折叠结构 (2) 内部特征（例：内有抽屉、内有小格、内有暗仓等） (3) 其他结构
14.图案说明	纹样说明参照《蒙古族传统图案》（阿木尔巴图）

15.文物照片	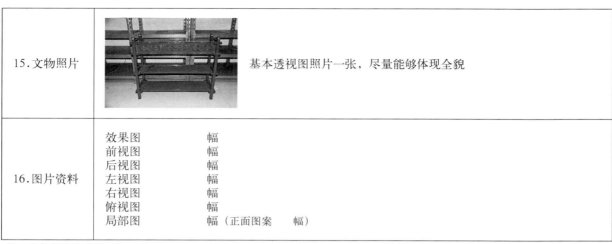	基本透视图照片一张，尽量能够体现全貌
16.图片资料	效果图　　　　　幅 前视图　　　　　幅 后视图　　　　　幅 左视图　　　　　幅 右视图　　　　　幅 俯视图　　　　　幅 局部图　　　　　幅（正面图案　　幅）	

注：文物照片最后拍照结束再填入

附录5　调研资料样例

1　单件家具信息表

展柜次位：2号厅 0号展台（中间展台）
家具编号：2-00-27

家具名称	挂牙四屉浮雕彩绘兰萨植物纹木桌（详细命名）	蒙文名称	
家具类型		桌	
家具外廓尺寸 （mm）	长	1415	
	宽	350	
	高	360	
家具结构尺寸		另附实测图（结构尺寸在图中详细绘制）	
表面图案 （另附详图）	整体	抽屉面金漆彩绘	
	局部	框架金漆彩绘兰萨纹，牙板金漆彩绘雕刻部分	
	图案类型说明	主体彩绘植物纹	
质　地		松木为主	
结　构		框架结构（正前方4个抽屉），两侧有牙板	
制作工艺		榫卯结合	
修饰方法		面板红地彩绘，其余正面红地彩绘	
雕刻	样式	两侧牙子及底部牙板有镂空雕刻	
	内容	植物纹	
	类型	主体雕刻植物纹	

配饰	每个抽屉都有金属拉手
原用途及传承	其上供奉或置物，抽屉放置物品
来源 收集地点	
收集时间	约为2005年
基本断代	近代(该家具年代较久)
其他描述	家具经过修复和保护处理
备注	

2 家具调研手绘稿及描述

如编号为2-00-27的家具样本：

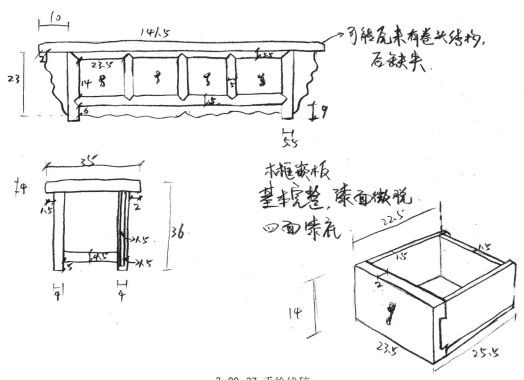

2-00-27 手绘线稿

(根据分析，将此件藏品命名：挂牙四屉浮雕彩绘兰萨植物纹木桌)

桌，蒙古族家居生活中的常用家具，用于收纳、供奉、置物等。该木桌为框架结构，抽屉可取出，两边挂牙子，下有牙板。木桌装饰手法为雕刻、彩绘。顶面漆红地彩绘；屉面均漆红地，金漆彩绘植物纹；边框漆墨地，金漆彩绘兰萨纹；两侧牙子有雕刻，漆墨地、金漆描饰；下部牙板有雕刻，漆墨地、金漆描饰。该桌材质为松木，抽屉配铜质拉手。该家具使用痕迹明显，结构紧凑。

附录6 乌海蒙古族家居博物馆简介及展示陈设

1 乌海蒙古族家居博物馆简介

乌海蒙古族家居博物馆位于海勃湾区滨河大道西侧，毗邻黄河东岸，占地面积约为6000平方米，建筑面积2326平方米。古铜色的外观，古老的图腾，犹如4个巨大箱子的建筑物坐落在黄河岸边微微凸起的空地上，与流经乌海市的黄河交相呼应，仿佛是游牧民族便于游走携带的家。

乌海蒙古族家居博物馆立足藏品特色，集研究、教育、欣赏于一体，通过"史海勾陈""民俗奇葩""艺苑撷珍""文化交融"4个单元来展示蒙古族传统的家具精品。博物馆内收藏的家具和饰品，多数为清末民初的蒙古族家具，主要有衣柜、板箱、方桌、供桌、饮食用的器皿、捕猎用的工具和蒙古族贵族头饰等。这些造型端庄、坚固实用、装饰图案艳丽的蒙古族家具结合了藏传佛教文化、游牧文化、中原文化的特点，体现了浓郁的民族风格和特色。

乌海蒙古族家居博物馆通过纵横交错、点面结合的方式，不仅使大家进一步了解了蒙古族的民风、民俗及灿烂的草原文明，而且还对促进海勃湾区的社会文明与进步具有非常重要的现实意义。

2 乌海蒙古族家居博物馆的馆内展览陈设

以下通过图片有助于读者了解乌海蒙古族家居博物馆的馆内展览。

（1）1号展厅1号通柜
蒙古族传统家具的历史文物

（2）1号展厅 2号展柜
蒙古族木匠用具

（3）1号展厅 3号展柜
蒙古族家具材料标本

（4）1号展厅 4号展柜
蒙古族家具榫卯结构

（5）1号展厅 5号展位
雕龙鹿角宝座扎萨克宝座

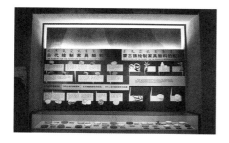

（6）1号展厅 6号展柜
蒙古族家具颜料的配料

（7）1号展厅 7号通柜
橱柜类

附录6 乌海蒙古族家居博物馆简介及展示陈设

（8）1号展厅 8号通柜
立柜类

（9）1号展厅 9号通柜
立柜类

（10）2号展厅 0号展台（右侧）

（11）2号展厅 0号展台（左侧）

（12）2号展厅 1号通柜
箱类

（13）2号展厅 2号通柜
箱类

（14）2号展厅 3号通柜
桌类

（15）2号展厅 4号通柜
箱匣类

（16）2号展厅 中间展台
生活用品

（17）3号展厅 1号通柜
箱类

（18）3号展厅 2号通柜
橱柜类

（19）3号展厅 3号展位
巨幅成吉思汗壁毯

（20）3号展厅 4号通柜
橱柜及供桌

（21）3号展厅 5号通柜
木箱及长椅

（22）3号展厅 6号展台
轿子

（23）3号展厅 6号展台
轿箱细节

（24）3号展厅 整体

后 记

数十年来，我专注于中国传统家具的教学和研究，一直在做该方面的积累。2005年，偶然的机会接触到蒙古族家具，首先被其精美的彩绘所感动，感到其蕴含着的独特文化内涵，于是多加关注。对蒙古族家具最初的研究是受身边几位先生的影响，郑宏奎教授、宁国强教授是我在该研究方向的启蒙老师。在他们的影响下，我越来越多地接触蒙古族家具，从了解、到认识、再到研究，愈来愈深的感到蒙古族家具的珍贵性，也逐渐开始了对蒙古族家具研究的漫漫长路。

近十年对蒙古族家具的研究过程中，积累了大量的图像资料，梳理了大量的文字资料。除了研究，还亲自进行蒙古族风格家具的创新设计实践，并多次在设计赛事中获奖。

本书写作计划及大纲的提出是2012年，其实就学术造诣深度而言，并不足以专业学者的身份立此写作大题，但凭着对传统家具文化的热爱，和作为一名蒙古族家具研究者的责任，加之丰富的案头资料（图像、文字、图稿等）积累，我觉得有责任写一些关于蒙古族家具研究的东西，于是斗胆动笔。

在书稿的写作过程中遇到了很多问题、疑惑和需要补充的知识，这又促使我查阅大量的古籍和专业著作。随着写作逐步的深入，愈感专业知识的匮乏，于是重新研读了王世襄先生的《明式家具研究》、长北先生《髹饰录图说》，此两本著作也是本书借鉴较多的，其他参考的典籍无数。

本书中"第二章 蒙古族家具的种类和形式"借鉴了王世襄先生《明式家具研究》中对传统家具的文字描述方法，在展示家具正面图像的基础上，又增补绘制了蒙古族家具的透视线稿图，涉及到了很多详尽的家具尺寸，可以使读者全面了解蒙古族家具。

本书"第三章 蒙古族家具的结构"和"第四章 蒙古族家具的接合方式"是我多年研究的积累，作为家具专业出身的学者，此章节是对蒙古族家具研究的独到见解，也是关于蒙古族家具的诸多研究中从未涉及的内容。经过数年来诸多蒙古族家具的分析、研究和比对，才使此研究方向的文稿得以呈现。

以往对于蒙古族家具材质的研究几乎未有涉及，一般都是寥寥几笔带过，甚至不做说明，本书"第五章　蒙古族家具的材质"涉及到很多木材学的知识，此章的编写得益于资深木材学专家王喜明教授的指导，使我这个初出茅庐的家具研究者，能够以较深入的视点剖析蒙古族家具的用材。

本书中"第六章　蒙古族家具的装饰"引用了《髹饰录图说》中的一些文字。长北先生对中国传统髹饰工艺的解读可谓完善，在以往对蒙古族家具的研究中，多关注于"彩绘"，在本书中，将"髹饰工艺"和"金属装饰"分别展开，是对蒙古族家具装饰的第一次深入研究，这得益于《髹饰录图说》的启发和指导。

本书的撰写，投入了莫大的精力，前期大量的搜集、调研，后期繁杂的资料整理、图像修正更是需要相当的认真细致，对于家具的描述，亦进行过反复推敲，诸多案头工作是相当琐碎庞杂的。今日得见书稿，心中感到莫大的欣慰，这其中蕴含的心血是无法言喻的。

本书文稿中涉及文字、影像、尺寸等诸多方面，所见成绩非个人能力所能为之。在前期蒙古族家具的拍摄中，李京波先生、田昊东与我一同顶着酷暑共同完成所有蒙古族家居博物馆藏品的拍摄；在书籍的编撰中，柴建华、田昊东、孙明霞为图像整理付出了大量工作；在书稿的审定中，王喜明教授对本书提出了宝贵的修改意见。所有的辛勤劳动，才使本书得以最终呈现，至今想起这项巨大的工程都感到欣慰。

感谢为此书付出艰辛劳动的各位先生，其实"感谢"二字对于这巨大的工作量来说显得非常单薄，在此，再次向你们致敬！

李军

2015年1月

图书在版编目（CIP）数据

蒙古族家具研究 / 李军，李京波著. —— 北京 ：中
国林业出版社，2014.12

ISBN 978-7-5038-7782-7

Ⅰ．①蒙… Ⅱ．①李… ②李… Ⅲ．①蒙古族－民族
风格－家具－研究－中国 Ⅳ．①TS666.281.2

中国版本图书馆CIP数据核字(2014)第301756号

中国林业出版社·建筑家居出版分社

策　　划：李　宙
责任编辑：李丝丝　樊　菲
书籍设计：德浩设计工作室

出　　版：中国林业出版社（100009 北京西城区刘海胡同7号）
网　　站：http://lycb.forestry.gov.cn
E —mail：cfphz@public.bta.net.cn
发　　行：中国林业出版社
电　　话：(010) 8314 3572
印　　刷：北京利丰雅高长城印刷有限公司
版　　次：2015年3月第1版
印　　次：2015年3月第1次
开　　本：1/16
印　　张：10.25
字　　数：200千字
定　　价：98.00元